周　期　表

10	11	12	13	14	15	16	17	18
								₂He ヘリウム 4.003
			₅B ホウ素 10.81	₆C 炭素 12.01	₇N 窒素 14.01	₈O 酸素 16.00	₉F フッ素 19.00	₁₀Ne ネオン 20.18
			₁₃Al アルミニウム 26.98	₁₄Si ケイ素 28.09	₁₅P リン 30.97	₁₆S 硫黄 32.07	₁₇Cl 塩素 35.45	₁₈Ar アルゴン 39.95
₂₈Ni ニッケル 58.69	₂₉Cu 銅 63.55	₃₀Zn 亜鉛 65.38	₃₁Ga ガリウム 69.72	₃₂Ge ゲルマニウム 72.64	₃₃As ヒ素 74.92	₃₄Se セレン 78.96	₃₅Br 臭素 79.90	₃₆Kr クリプトン 83.80
₄₆Pd パラジウム 106.4	₄₇Ag 銀 107.9	₄₈Cd カドミウム 112.4	₄₉In インジウム 114.8	₅₀Sn スズ 118.7	₅₁Sb アンチモン 121.8	₅₂Te テルル 127.6	₅₃I ヨウ素 126.9	₅₄Xe キセノン 131.3
₇₈Pt 白金 195.1	₇₉Au 金 197.0	₈₀Hg 水銀 200.6	₈₁Tl タリウム 204.4	₈₂Pb 鉛 207.2	₈₃Bi ビスマス 209.0	₈₄Po ポロニウム 〔210〕	₈₅At アスタチン 〔210〕	₈₆Rh ラドン 〔222〕
₁₁₀Ds ダームスタチウム 〔281〕	₁₁₁Rg レントゲニウム 〔280〕	₁₁₂Cn コペルニシウム 〔285〕		₁₁₄Fl フレロビウム 〔289〕		₁₁₆Lv リバモリウム 〔293〕		

₆₄Gd ガドリニウム 157.3	₆₅Tb テルビウム 158.9	₆₆Dy ジスプロシウム 162.5	₆₇Ho ホルミウム 164.9	₆₈Er エルビウム 167.3	₆₉Tm ツリウム 168.9	₇₀Yb イッテルビウム 173.1	₇₁Lu ルテチウム 175.0
₉₆Cm キュリウム 〔247〕	₉₇Bk バークリウム 〔247〕	₉₈Cf カリホルニウム 〔252〕	₉₉Es アインスタイニウム 〔252〕	₁₀₀Fm フェルミウム 〔257〕	₁₀₁Md メンデレビウム 〔258〕	₁₀₂Nb ノーベリウム 〔259〕	₁₀₃Lr ローレンシウム 〔262〕

化学はこんなに役に立つ

やさしい化学入門

山崎 昶 著

裳華房

Introductory Chemistry
for Non-Chemistry-Major College Students

by

Akira Yamasaki

SHOKABO
TOKYO

この本を使われる方に

　このごろ，「入試の多様化」などという一見もっともらしいスローガンがもてはやされ，その結果として，大学や専門学校などでの講義や授業に最低限必要とされる，数学（算術）や自然科学の下地が大幅に不足している学生諸君が著しく増えたといわれるようになりました。じつはこの現象はもっと前の，いわゆる「ゆとり教育」が声高に主張されたころに始まるのですが，それに加えて「入試に出ないことなど，重要性が低いんだから教えないでください！」などと周囲を巻き込んでわめきまわる「エセ教育ママ」（モンスターペアレントの成れの果てでしょうが）がだんだん増加して，教える先生方の御苦労をどんどん増やしてしまったのが原因だろうと，さる教育学の権威（もう引退されて久しいのですが）が述懐されていたのを伺ったことがあります。

　その結果でもありましょうが，いつぞやあった「親指族入試カンニング事件」のように，その場だけすり抜けて，あとは「タスケテー」とわめけば，見るに見かねた周囲の面々が何とかしてくれるだろうという，何とも無責任な人間が増加してきました。

　それはともかくとして，大学や専門学校の入学の篩（ふる）い分けが昔に比べるとどんどん粗くなっているのに，卒業したあとを引き受ける企業の要求するレベルは，逆に年々厳しくなってきています。「就活」事情が厳しくなるのは，専門課程に来る前のゆとり教育のつけなのですが，そのための対策は，どうみてもお寒いものです。

　アメリカなどでは，例えば大学の化学専攻の学科に，ハイスクールでろくすっぽ理科の授業を受けていない学生が入学してくる例が以前から少なくないのだそうです。そのためのテキストも定評のあるものが何種類もありまして，化学の場合にはおおむね数百ページ程度のものですが，これを毎週数十ページほど読破して，厳しいチューターにしごかれるのを一学期ぐらい続けると，化学既習の学生諸君と遜色のないほどのレベルになり，それ以後の難しい講義や実習なども十分にこなせるほどの実力がつくのだそうです。もちろん脱落者の数も半端ではありません。

　わが国でも，本腰を入れて入試の多様化を実行するなら，そのあとにはこのようなハードトレーニングが必要とされるはずなのです。でもいきなりこれを実施したら，それまでのぬるま湯状態から突然に厳しいスパルタ的カリキュラムに放り込まれるわけですから，落伍者が続出して教室はカラッポになり，退学，留年生激増となるでしょう。こうなると，文部科学省からお叱りを蒙るでしょうし，私立大学だと授業料収入が激減しますから経営が成り立たなくなってしまうで

この本を使われる方に

しょう(「本当は，最近激増しつつある低学力の留学生あたりを対象として，このアメリカ並みのハードトレーニングをすべきだ」といわれた老先生もおいででした。大多数は授業について行くのがやっとの集団だから，彼らの将来のためには是非そうすべきだといわれるのです)。

以前文部大臣を務められた有馬朗人先生が，しばらく前にさる新聞紙上に書いておられましたが，「大学における教養課程をなくしてしまったのはやはり大失敗だったとしかいえない。基礎がろくにできていない人間にいくらトレーニングしても，先端的な学問や科学，さらには技術などマスターできるはずがないのだ」ということです。

ところが，高校と大学初年次のテキスト類を通覧してみると，別に化学だけに限らず，数学でも物理学でもその他の分野でも，この間のギャップはどんどん大きくなる傾向が見られます。もちろんこれは両方に原因があるのですが，そうするとその間の欠落部を巧みに埋められるような副読本があってもいいのです。物理学の方だと大阪の相愛大学の橋元淳一郎先生の『単位が取れる物理数学ノート』などの有名なシリーズがありますけれども，化学の場合には一体何を見たらいいのかという情報すらほとんどないのが現状だと，さるヴェテランの先生に嘆かれたこともあるのです。

それに，現在のテキスト類を執筆される大先生は，どちらかというと物理化学を専攻された方々が多いので，使用する化合物名や術語など，「学術用語集に準拠」ということで，高校のテキスト類と同じように厳しい用語統制システムを採用されることが多いのですが，諸兄姉が化学を役立てなくてはならない分野は，別に理学部系の化学関連分野だけではありません。化学に関連している分野はおそらくは自然科学全体と身辺の生活，さらには実業界や工業界などの広い範囲になっていますし，時と場合によっては一見関係のなさそうな文学や経済，法律などの方面にすら関わりが出てきますので，せっかく学ぶなら，諸兄姉が将来どこに行っても役立てることが可能であることをどこかで述べておく必要があるでしょう。さもないと多大の不便を堪え忍ばされることになってしまいます。

「沙漠に水をまく」ようなことでもありますが，そのような不便を我慢させられている諸兄姉に，少しでもレベルアップの助けとなることを期待して，この本を作ってみました。後々まで役に立つようにと考えて，図や表，章末問題などを少し多目に入れてありますが，高校のテキスト類や受験参考書(準消耗品扱い)と違って，大学のテキストはコンパクトな参考資料集として貴重な情報をかなり含んでいますから，せいぜい活用していただけることを願いたいものです。

諸兄姉に対しての大学入学後，および就職してからの利便を考えた下地作りをやろうとしても，どこから手をつけてよいのかが昨今かなり怪しくなってきました。算数の方面でも比例計算の出来ない大学生がいるとか，掛け算の順序を間違えると減点される(これは小学校時代の算数の指導要領がもとらしい)からでき

ないとか，分数の約分はやってはいけないことだとか，そのほかいろいろと笑えない実情を聞かされます。

　これらは，初等教育がきれい事に徹しすぎて，身の回りの実用面をないがしろにしてきた傾向の結果でもありましょう．だとすると，一見迂遠には見えますが，最初に化学でよく出てくる言葉の簡単な説明をしておく必要がありそうです．それに昨今では，周辺の関連分野において化学の占める重要性は（それぞれの分野の大先生方は，これを認めると恥辱になるとお考えなのか，ほとんどの場合には触れられないのですが）どんどん大きくなって，医学や生物学や地学などの研究室を覗いてみると，専門の化学の教室よりもずっと最新鋭の化学分析・測定機器が，高価なのにもかかわらずたくさん設置されていて，実際にも大活躍しているというケースは決して少なくはありません．つまり「化学の言葉」を使えないと，せっかくの最新のマシンの機能を十分に発揮させることなど不可能となってしまっているのです．

　「そんなことはとっくに知ってる」という方々はどうぞ読み飛ばしてくださって結構ですが，あとで不勉強な後輩から質問されたときのことを考えると，ひとわたり目を通しておいていただくほうがよろしいと存じます．そんなときに面倒だったら「ここを読んどきなさい！」っていうだけで，自分の貴重な時間をわざわざ無駄なことに割かずとも済むでしょう．

　わが国の高等学校までのテキストには，文部科学省の方針でもありましょうが，用語に関してかなり厳しい制限が課されています．最初にも書きましたが，その結果，便利な専門の用語があるのにテキストなどには使えず，やたらに回りくどい説明を余儀なくされたり，意味のある漢字熟語が無意味な交ぜ書きや当て字になったりして，せっかく易しくしたつもりでも逆に理解しにくくなっているというのです．これに対する不満の声は，各方面からしばしば聞かされることでもあるのですが，さらに加えて新聞社などのマスコミも，「寄らば大樹の蔭」ということなのでしょうが，これに無批判に追随してしまうので，ますますもって無駄な苦労をみんなが強いられる結果となってしまいました．特に化学の場合，半世紀以上前に決められた学術用語集が必要以上に厳密に守られている結果，関連分野との情報交換が極めて難しくなっているのです．そんなギャップを埋めるためにも少しでも役立ってくれるようにと考えて，最初の所は少しくどい表現になっています．

　そのためでもありますが，本書での用語や人名の表記や文字遣いなどは，高校までの方式とは一致していないところも多々あります．むしろ研究室や臨床現場，そのほか現実の社会で実際に使われる方が大事だからなのです．

　現に関西のさる有名な薬科大学の先生は，一年次の最初の講義の冒頭に「高校で習ってきたことは全部忘れてほしい．でないとせっかくの講義がちっとも進まないんだから！」と厳しくいわれるそうです．つまりまじめな学生さんほど受験

この本を使われる方に

化学の知識だけで動脈硬化状態になっていて，すぐに「このテキストはおかしい」とか「先生のいわれたことは間違ってます！」なんていうことで講義が中断させられ，一向に能率が上がらないからなのです。

まあ，いきなりそれほど厳しい講義をされる先生はまだ数少ないかも知れませんが，諸兄姉としてはそれなりの対策を早い内から講じておくに越したことはありません。そのためのお手伝いにもなろうかと思ってこの本を作ることにしました。

最初に，安いもので結構ですから，関数電卓を一つお手元においてください。指数，対数，三角関数，開平や累乗，冪乗(べき)の計算が簡単にできるという貴重な文明の利器を活用しない手はありません。一番安いもの（1000円以下からあります）で結構です。後々のことを考えると，太陽電池付のものの方がいいかも知れません。貴重な数表の代わりとして使うのですから，別にプログラム機能などは必要としません。もちろん機械工学や電気工学用の高級なポケコンだっていいのですが，得てして機能がありすぎるマシンはかえって使いにくいものなのです（四則演算だけのものは数表としては使えないので，今の場合使用するだけの価値はありません）。

もう一つ大事なことは，テキストや講義内容などが理解できなかったときや，問題を解いていて行き詰まったとき，手元においてすぐ見られる「小辞典」の類を一冊持っていることです。一見高価でも，収載されている貴重な情報の量は十二分に元が取れるし，以後何十年にもわたって利用できます。いくつかリストを挙げておきましょう。

『新・化学用語小辞典』ジョン・ディンティス 編，山崎・平賀 訳，ブルーバックス（講談社）

『化学小辞典』猿橋勝子 編（三省堂）

『ペンギン化学辞典』D. W. A. シャープ 編，山崎 昶 監訳，宮本・森 訳（朝倉書店）

『カラー図説 理科の辞典』太田次郎・山崎 昶 監訳・編集（朝倉書店）

『図説 科学の百科事典』全七巻（朝倉書店）

（このうち『化学の世界』山崎 昶・宮本恵子 訳 が中でもお役に立つと思います）

『エッセンシャル化学辞典』玉虫伶太ほか 編（東京化学同人）

今後のためを考えると，いわゆる受験用の小辞典類は落第なのです。研究室や現場で通用する古風な用語や，実用上便利ないろいろなツールに対する配慮が，受験教師に対する都合優先のためにまったく欠けているからです。いつまでもこんなものに頼っていると，先輩や上司から「あいつ，一向に進歩しないね。次の人員整理の候補に上げておこうか」ということになる可能性が極めて大きいのです。また，電子辞書の類も，専門用語に関しては至って手薄なものが多く，時に

はあまりにも大時代な説明や語釈だけという例もあるので，多額の費用を払うほど価値のあるものは今のところまだありません（これは，普通の辞書の場合，説明や訳語などのうちで専門的なものが一番最後に回されるため，採録語数を優先とするとどうしても尻尾が切られる運命にあるからです）。

このほかに，案外見過ごされているのですが使い勝手のいいものに，高校での「スタディガイド（学習資料）」と呼ばれる一連の図説や図録類があります。これは部数が出るのでオールカラーなのに著しく割安ですが，教科書会社がそれぞれに刊行しているので，どれでも構いませんから一冊手元に置くといいでしょう。器具の名称とか取扱い方，最近だと参考となるインターネットのウェブサイトの紹介なども含まれるようになりました。化学以外の生物や物理や地学のものも手元にあると便利です。これらは毎年改訂されますが，それほど最新のものである必要はありません。優れた索引があるので，わからない事柄についてまず調べてみるには教科書よりも便利だろうと思われます（ただし，用語や文字遣いは高校のテキストに準じていますから，その点は留意しておいてください）。

『ダイナミックワイド 図説化学』（東京書籍）
『サイエンスビュー 化学総合資料』（実教出版）
『フォトサイエンス 化学図録』（数研出版）
『ニューステージ 化学図表』（浜島書店）

同じような『生物』『物理』『地学』それぞれのガイドもありますが，物理や地学はそれぞれ一社しか刊行していないようです。

わからないことに直面すると，「そんなこと，ネットで尋ねればいい」と親指カンニング族のようなセリフを吐く面々が存在しますが，いきなり「わかりませーん，おしえてくださーい」と問い合わせる前に，これらの小辞典や図録類にどのようなことが書いてあるか，ざっと目を通した上で質問される（これは自分の疑問点を整理することにも当たりますが）ならば，得られる情報の質と量には雲泥の差が生じるのです。

このあたりが理解できない面々がよく「せっかく質問したのにちっとも答えてくれない。けち！イジワル！自分の人格を否定されてものすごく傷ついた！」なんて捨て台詞を書いていますが，これは自業自得なのです。ほんとうはネットなどで上手に質問する方式を中学や高校などでのカリキュラムに組み込むべきなのでしょう。

さらには，いろいろと思案に余ったことを，気安く尋ねられるような先輩（なるべく複数）や恩師方を，早いうちから確保しておくことです。これは実験や実習などの場合に特に大事です。「仲間に聞いてみる」とか「ネットで問い合わせる」というのがこの頃のはやりのようですが，小学生の算数の問題の解答でも聞くのならまだしも，仲間やネットから得られる化学関連の情報の九割以上は完全な「ガセ」です。それに仲間のあいだでは，「知らない」って答えると悪いからと

いうことで,「自分がそれと気づかずに間違ったことを教えてしまう」という恐ろしい風潮すらあり,そのために落第,留年なんて悲劇的な結果になることだってあるのです。同輩と違って最初は取っつきにくいかも知れませんが,やはり「一日の長」がある方々から情報が得られることは大変なプラスですし,それから,こちらがどのぐらいわかっていないかを細々と説明しなくても済むだけでも貴重な人材なのです。こうして豊かな人脈を構築できれば,これはあなた方にとって生涯にわたる無形の財産となるでしょう(クラスメートなんて,卒業したら大部分は商売敵の企業に配属されますから,自由な情報交換など許されなくなってしまうのです)。

　ご存じの方もおいでかと思うのですが,埼玉大学教育学部の芦田実先生が開設しておいでの『化学の質問箱』という貴重な情報源があります。

http://www.saitama-u.ac.jp/ashida/cgi-bin/ques-del.cgi

ただ,ここに投稿されるいろいろな質問の中で,あまりにも不完全で,仏様のように面倒見のよい芦田先生でも,さすがにお答えのしようがないものは却下扱いになっているのです(ずいぶんたくさんあります)。この却下になった質問も一覧にまとめられていますが,通覧してみると,「自分には何がわからないのかがまったくわかっていない」という,どうしようもない面々が少なくないことが推測できます。

　受験界のボスといわれるさる大先生(今でも大新聞に連載記事などをお持ちです)が,ゆとり教育の始まった頃に,「学生は授業料を払っているのだから,時間中に居眠りをしようと私語にふけろうとケータイでおしゃべりしようと勝手である。スポンサーは神様なのである。教師はわからないことをこちらにわかるように教えてくれるのが当たり前なのだ」という極論を吐かれたということです。今でもこの劣化コピーみたいなセリフを吐かれる落第生候補者が少なくないそうですが,ほんとうにこの先生の言われるとおりなら,大学の教師は今の数百倍ぐらいのサラリーと諸経費をいただいたってとても割が合いません。

　「きちんとした信用ある情報の提供」はタダでは無理なのです。この頃「メディアリテラシー」などというカタカナ言葉が幅を利かしていますが,周囲に氾濫している「情報」(実は専門の「情報検索」の方面では「屑情報(クズ)」などと一括される不必要なデータやファクトの集合でしかないのですが)の中から,自分なりに大事なところだけを短時間に拾い出す才能が求められているのです。でも,前記のように,仲間やネットから得られる「情報」は,実際にはほとんどが「無価値の文字の羅列」でしかなく,わざわざ時間と手間を掛けるには値しません。

　一方,大学の学部で要求されるサイエンスのレベルはどんどん上昇してきています。そのためもあるのでしょうが,高校で扱う生物学や天文学,地質学など(これらは物理,地学の両方にまたがっています)などはずいぶん新しい,見方によっては際物めいたニューストピックのようなものまで含まれているのに,高

校の化学の学習内容の大部分は，十九世紀末ぐらい（キュリー夫妻の活躍した時代）でストップしているのが現状です．そのために大学や専門学校で履修する内容とのギャップが著しく大きくなっているのは致し方ないともいえます．これは実際に高等学校で指導に当られる先生方（むしろ予備校あたりの受験教師かも知れません）の意向を文部科学省が必要以上に重視して，「基礎的な大事な事柄を…」という美辞麗句の下に古いことだけを詰め込もうとしているのかも知れません．諸兄姉はこの隙間を自分で何とかして埋める必要があるのですが，なにしろすでに100年以上の積算された学問内容が欠落しているのですから，その場だけの試験対策では所詮不可能なのです．

いくつかの定評ある「大学生のための基礎化学」のテキストを調べてみたのですが，高校で一部でも触れられているような分野になると，紙面の制限もあるためなのですが，入試をパスできるぐらいなら当然十分に学習・理解されているという前提で，最初の所が著しく端折られ，まとめの「このような式で明快に説明できます」というところで終わっているのがほとんどであります．でも実際には，ほとんどが未消化のままで，「教科書を焼く壮挙」なんてマスコミに持ち上げられた結果，わからなくても参考にできないという結果になっているのが現実のようです．つまりロクな基礎もないままに，尖端的な分野の研究にいきなり放り込まれる結果となってしまうわけで，「いまどきの若いものは…」という数千年来のご老人のセリフが，以前よりも度々聞かれるようになったのも故なしとしません．

あと，途中で難しくなったら，放り出さずにそのままにしてちょっと先の方の頁に目を通していただくことをお勧めしたいのです．多くの学生さんは，一旦躓くと，その場で何とかクリアしなくては先に一歩も進めないと思っておいでのようですが，これが成立しているのはゲームの世界だけです．先に進んでみてから，しばらくしてもとの所を見直すだけで，そのときは難しく思えた内容が，案外簡単にわかるようになるものです．

なお，章末問題の中には，本書の記述を超えた知識を必要とするものも含まれています．大学や専門学校の講義や実習，あるいは実社会において，諸兄姉がこれからいろいろな問題に遭遇すると思います．その際には，今までのようにテキストのどこかに書いてあることをコピーすれば満点がもらえるということには絶対なりません．単に暗記してきたことのダンプリストだけが要求されるのであれば，ゼロックスなどのコピーマシンで十分なんです．

自分なりに恩師や先輩など一日の長のある方々からお知恵を拝借するなり，信用のおける参考文献を探すなりして，問題をたくみに解決して「さすがですね」と賞賛されるようになることが望まれるのです．ここで大事なのは「信頼できる解答」を探して提供できることで，ネットや仲間あたりからのガセネタ情報では相手は誰一人として信用してくれません．大体キケンでもあるのです．今では

この本を使われる方に

「真実を伝える」はずの新聞記事すらまったく信用おけないのは，いつぞやの麻生副総裁のお話の真意が理解できず，全く反対の意味の記事を捏造して全国に流してしまった某通信社記者の存在からもわかるでしょう（よく外交問題にならずに済みました）。化学や医学関連の記事にも，かなり眉唾なモノが混在しています。

「信用のおける参考文献」とはどのようなものなのかは，それぞれの分野ごとに大きく違うので，指導教官や先輩から なるべく早い内に 伺っておくしかありません。これは同時に，将来にわたって役立ちうるあなた方の貴重な人脈の基礎をつくることにもなりますから，せいぜい心がけて置かれるように。

なお，これらから引用したときには，必ず「出典」を明示することがエチケットです。疑わしい参考文献だけの引用では，あなたの調査能力が過小評価されるだけですし，未記載だと「アサハラ教祖」のご託宣の信者と同一視され，下手すると生涯にわたってマイナスを負わされることになってしまいます。

2013 年 10 月

山　崎　昶

目　次

この本を使われる方に　iii

● 第1章　化学で使ういろいろな言葉や概念

1・1　ギリシャ語のアルファベットと数　1
1・2　度量衡と単位系　5
1・3　指数と対数・有効数字　8
章 末 問 題　12

● 第2章　化 学 種

2・1　「化学種」とはどういうものか　13
2・2　元素名と元素記号，簡単な命名法　14
2・3　化学方程式と化学反応式　17
章 末 問 題　19

● 第3章　モルの意味の変遷

3・1　モルとはどんな由来の単位なのか　20
3・2　当量・規定度　25
3・3　国際単位（international unit）　26
章 末 問 題　27

● 第4章　元素と単体，原子，分子，イオン

4・1　元素と単体の違い　29
4・2　同 素 体　29
4・3　原子モデルの変遷　31
4・4　波動関数で電子の居場所がわかる　33
章 末 問 題　35

● 第5章　化 学 結 合

5・1　はじめに陽子と電子ありき　36
5・2　バラバラの原子がどうやって分子になるのか　37
5・3　共有結合の出来方　38
5・4　イオン結合　40
5・5　水 素 結 合　41
章 末 問 題　41

● 第6章　物質の三態

6・1　水の状態変化　42

6・2　気体の体積と圧力と温度の関係　44
章末問題　47

● 第7章　分子構造とスペクトル
7・1　分子を観測する　48
7・2　「分光分析法」の発展　50
章末問題　53

● 第8章　酸と塩基・化学平衡
8・1　酸とアルカリ（塩基）　54
8・2　「酸」と「塩基」の定義　54
8・3　pH　56
8・4　いろいろな酸と塩基　57
8・5　緩衝作用と緩衝溶液　60
8・6　緩衝溶液と緩衝容量　61
8・7　解離と化学平衡　62
章末問題　68

● 第9章　酸化と還元・熱力学
9・1　「酸化反応」と「還元反応」　69
9・2　酸化状態の表記法　71
9・3　熱力学と化学 －平衡との関連　72
9・4　いろいろなエネルギー　74
9・5　化学ポテンシャル　76
9・6　浸透現象　77
章末問題　79

● 第10章　周期律と簡単な無機化学
10・1　無機化合物の重要性　80
10・2　人体の構成元素　81
10・3　周期表　82
10・4　簡単な無機化合物の命名方法　86
章末問題　88

● 第11章　有機化学の手ほどき －その1－
11・1　大まかな分類　90
11・2　官能基ごとの特性　93
章末問題　101

● **第 12 章　有機化学の手ほどき －その2－**
　12・1　カルボン酸以外の有機酸　102
　章末問題　111

● **第 13 章　立体化学と異性体**
　13・1　異性体の歴史　112
　13・2　いろいろな異性体　113
　13・3　立体異性体　115
　13・4　アイソトポマー（同位体異性体）　118
　13・5　医薬品と立体異性　119
　章末問題　120

臨床医学や看護学と化学との関わり　121

● **第 14 章　放射能と放射線**
　14・1　「放射能」はコワイのか？　123
　14・2　壊変定数と半減期　124
　14・3　「放射線」と「放射能」の違い　126
　14・4　放射線の分類，電場・磁場と放射線の相互作用　127
　14・5　身辺の放射線　128
　章末問題　130

おわりに　131
解答の例およびヒント　133
索引　141

コラム

試薬に残るラテン語名称　15
kg か パスカル か　23
珍しい同素体　31
テクルバーナー　49
テラヘルツ波分光　52
地球温暖化の真の原因は？　53
酸性食品とアルカリ性食品　63
水簸　81
超長周期型周期表の視覚化　85

ランタノイドとランタニド　85
「イソプロパノール」は間違いか？　95
銀鏡反応　97
カルボキシ基かカルボキシル基か　99
β-ジケトンの誘導体の用途　115
鏡の国のミルクの味？　116
バナナ単位 BED（バナナ等価線量
　banana equivalent dose）　129

第 1 章 化学で使ういろいろな言葉や概念

> **本章のポイント**
> ギリシャ語のアルファベット／冪数(べき)の名称／度量衡(長さ・体積・重さ)／単位系 (SI 単位系は万能ではない)／指数・対数／有効数字の見極め方

　化学に限らないのですが，諸兄姉がテキスト類をご覧になっていて，ときどき「何を意味しているのかわからない」とぼやかれる原因の一つに，高校の化学や中学の理科などで，貧弱な言葉だけで上っ面の説明をされたままになっているけれど，実は本質的に重要な語彙(ごい)がある，ということがあります。このような躓(つまず)きを少しでも減らせるように，簡単な説明だけをここでしておくことにしましょう(◆)。

◆　なお，本書を読み進んで行くにつれてもっと詳しい説明がある場合には，「以下は第○章(あるいは○○頁)を参照」という記載にしてあります。これは，実例を伴った方が多少とも理解が楽だろうと考えたためです。

1・1　ギリシャ語のアルファベットと数

　化学ではみんなもそれと意識しないうちにいろいろな**ギリシャ文字**を使っていますが，きちんと整理して教えられることはほとんどないようです。でも，これについての知識の有無は結構大事なので，わからなくなったら参考に出来るように表にしておきましょう(**表1・1**)。数学の場合と違って，どちらかというと小文字の方が多く使われます。シグマの「ς」の字体は，単語の最後に来たときだけ使われますので，平常はあまり眼にすることはありません。

　大体，前半分はドイツ式の読み方，後半分は英語式の読み方が通用しています。順番や位置を示す接頭辞にもギリシャ語(およびラテン語)が使われていますので(**表1・2**)，わからなくなったらこの表をご覧になればよいでしょう。

　有機化学で大事な炭化水素などの系統名には，このギリシャ語の数詞は不可欠となっています。これについては第12章であらためて触れます。

　なお，原則としてギリシャ語系の語源の言葉にはギリシャ語系の接頭辞，ラテン語系の言葉にはラテン語系の接頭辞がつくのです。だから「大学」は「university」であって「monoversity」ではないし，同じように多面体は「polyhedron」であって「multihedron」とは言いません。もっともテレビ(television)はギリシャ語系の「tele-」とラテン語系の

第1章 化学で使ういろいろな言葉や概念

表1・1 ギリシャ語のアルファベットと普通の読み方

A	α	alpha	アルファ
B	β	beta	ベータ（ビータ）
Γ	γ	gamma	ガンマ
Δ	δ (∂)	delta	デルタ
E	ε	epsilon	エプシロン（イプシロン）
Z	ζ	zeta	ツェータ（ゼータ）
H	η	eta	エータ（イータ）
Θ	θ	theta	テータ（シータ）
I	ι	iota	イオタ
K	κ	kappa	カッパ
Λ	λ	lambda	ラムダ
M	μ	mu	ミュー
N	ν	nu	ニュー
Ξ	ξ	xi	グザイ（クシー）
O	o	omicron	オミクロン
Π	π	pi	パイ
P	ρ	rho	ロー
Σ	σ (ς)	sigma	シグマ
T	τ	tau	タウ
Υ	υ	upsilon	ウプシロン
Φ	φ (ϕ)	phi	ファイ
X	χ	chi	カイ
Ψ	ψ	psi	プサイ（プシー）
Ω	ω	omega	オメガ

表1・2 数を表す接頭辞

	ギリシャ語	ラテン語	身近な使用例
1	mono	uni	トンボ「MONO」と三菱「UNI」
2	di	bi	「dialogue」と「bicycle」
3	tri	ter	「triangle」と「tercet」
4	tetra	quadri	「tetrapod」と「quadrant」
5	penta	quinque	「pentagon」と「quintet」
6	hexa	sexa	「hexahedron」と「sextant」
7	hepta	septa	
8	octa	octa	
9	ennea	nona	
10	deka	deca	
11	hendeka	undeca	
12	dodeka	dodeca	
百	hecta	centi	
千	kilo	milli	
数個	oligo	pluri	
多数	poly	multi	

「vision」を何十年も昔に欧米の大先生がくっつけて作った言葉で，今となっては変えられなくなってしまいました。

次に，**SI単位系**で推奨されている位取りの接頭辞を**表1・3**にまとめます。

英語では million が百万であることは世界的に一致していますが、その上の billion や trillion, quadrillion になると、Queen's English と American English の間で大きく異なっていることはご承知の通りです。だから「ppt」もアメリカとイギリスでは違うことになるのですが、多勢に無勢なのか世界的には一兆分率（つまりアメリカ風）に統一されているようです。

参考までに、日本語での数の正式な数え方をまとめておきましょう（表 1・4）。

これとは別に、十万を億、十億を兆とする数え方（「小数」という）もあります。現代中国ではこちらを採用しているようで、「1兆バイトのフロッピーディスク」なんてことになります。「情報の専門家」と自称する電気工学者や「情報」学者がしばしばダマされているのです。

なお、唐代などの佛典では、一万の一万倍を一億、一億の一億倍を一兆というような数え方をする（これは「大数」といったらしい）こともありました。よく「百千万億衆生（しゅじょう）」などという表現がでてくるのはそのためなのです。10^{24} を表す字は、木扁に「市」（カキ）ではなく禾扁に「市」（この字は Unicode にもないようです）だと言われる先生もおいでなのですが、やはり「秭（柿の正字）」が正しいそうです。岩波の数学辞典では「秄（じょ）」になっています。「無量大数」を「無量」と「大数」に分けてある本もあるのですが、これはもともとの出典である吉田光由の『塵劫記（じんこうき）』があまりのロングセラーとなったので、版を重ねるうちに版木が傷んで、修復した際に間に点が入ってしまったのを誰かが誤読したのだと

表 1・3 SI 単位系で推奨されている位取りの接頭辞

yocto	y	10^{-24}
zepto	z	10^{-21}
atto	a	10^{-18}
femto	f	10^{-15}
pico	p	10^{-12}
nano	n	10^{-9}
micro	μ	10^{-6}
milli	m	10^{-3}
centi	c	10^{-2}
deci	d	10^{-1}
—		10^{0}
deca	da	10^{1}
hecto	h	10^{2}
kilo	k	10^{3}
mega	M	10^{6}
giga	G	10^{9} (beva とも)
tera	T	10^{12}
peta	P	10^{15}
exa	E	10^{18}
zetta	Z	10^{21}
yotta	Y	10^{24}

表 1・4　日本語の数の表現（大きい数）（出典：吉田光由『塵劫記』）

10^{0}	一（壱）	十	百	千
10^{4}	萬（万）	十万	百万	千万
10^{8}	億	十億	百億	千億
10^{12}	兆	十兆	百兆	千兆
10^{16}	京（ケイ）	十京	百京	千京
10^{20}	垓（ガイ）	十垓	百垓	千垓
10^{24}	秭（シ）	十秭	百秭	千秭
10^{28}	穣（ジョウ）	十穣	百穣	千穣
10^{32}	溝（コウ）	十溝	百溝	千溝
10^{36}	澗（カン）	十澗	百澗	千澗
10^{40}	正（セイ）	十正	百正	千正
10^{44}	載（サイ）	十載	百載	千載
10^{48}	極（キョク）	十極	百極	千極
10^{52}	恒河沙（ゴウガシャ）	十恒河沙	百恒河沙	千恒河沙
10^{56}	阿僧祇（アソウギ）	十阿僧祇	百阿僧祇	千阿僧祇
10^{60}	那由多（ナユタ）	十那由多	百那由多	千那由多
10^{64}	不可思議（フカシギ）	十不可思議	百不可思議	千不可思議
10^{68}	無量大数（ムリョウタイスウ）			

いうことです。なお「無量大数」は無限大と同じ扱いで，十倍や百倍を指す呼称は存在しません。

時間の単位に「劫」というのがあります。先の『塵劫記』もこれに依っているのですが，大海のさなかに縦横高さとも百由旬（サンスクリット語のヨージャナの音訳で，諸説あるが一由旬は大体5 kmぐらいだという）の巌を，三年に一度天人が舞い降りてきて，天の羽衣でそっと撫でるのを繰り返し，ついに塵に化すまでの時間を指すというのです。以前に茨城大学の故小沼直樹先生がこれを推算されたところでは，羽衣の摩擦よりも海上の空気による侵蝕（風蝕）の効果の方がはるかに大きいが，大体数十億年から二百数十億年になるということでした。つまり地球の年齢から宇宙の年齢にほぼ対応することになるのです。「劫」はもともとこの世の始まりから終わりまでに対応する時間ということになっているから，荒唐無稽といわれるインド哲学もそう捨てたものではなさそうです。

君が代は天の羽衣希に來て　撫づともつきぬ巌なるらむ　（拾遺集）

表 1・5　日本語の数の表現（小さい数）

10^{-1}	分（ブ）
10^{-2}	厘（リン）
10^{-3}	毛（モウ）
10^{-4}	糸（シ）
10^{-5}	忽（コツ）
10^{-6}	微（ビ）
10^{-7}	繊（セン）
10^{-8}	沙（シャ）
10^{-9}	塵（ジン）
10^{-10}	埃（アイ）
10^{-11}	渺（ビョウ）
10^{-12}	漠（バク）
10^{-13}	模糊（モコ）
10^{-14}	逡巡（シュンジュン）
10^{-15}	瞬息（シュンソク）
10^{-16}	弾指（ダンシ）
10^{-17}	刹那（セツナ）
10^{-18}	六徳（リクトク）
10^{-19}	虚（キョ）
10^{-20}	空（クウ）
10^{-21}	清（セイ）
10^{-22}	浄（ジョウ）

同じように小さい数の呼称も参考までに記しておきましょう（表1・5）。このような事柄は一見雑学風に見えるのですが，諸兄姉のようにいろいろな分野の方々と接触する機会の多い方々にはどこで必要になるかわからないのです。

Avogadro 数：6022 垓
1 光年：9.47×10^{19} cm = 94.7 京 km
1 トン：1 Megagram（メガグラム）
地球上の水の総量　135 京トン
ウラン原子一個の質量　4 清グラム（4×10^{-21} g）

通常用いる「割」は，本来は「分」と同じでありましたが，利息や野球の打率などの場合には十分の一の位を指すものとして明治以後定着して

用いられているのです。ただしあくまで「通用単位」であるそうで、正式な位取りには使えないということです（これで影響を受けるのは「糸」のところまでぐらいです）。「腹八分」とか「五分五分の引き分け」、「十二分の成果」などといっているときの「分」は、決して1％を指すものではありません。漢方薬などの配合比の場合も、十分の一を指す量（比量）として長いこと用いられてきました（もっとも、重量の単位を指すものとして使われることも少なくありません）。

1・2 度量衡と単位系

　われわれを取り巻くこの世界では、いろいろな尺度が用いられています。これらをまとめたものが「**単位系**」などと呼ばれ、メートル法単位系、ヤードポンド法単位系、尺貫法単位系などが身の回りで実際に使われているのですが、こと化学や物理の分野では、比較的近年に整理された科学的メートル法単位系（MKSAシステム、これが発展したものが国際単位系（SI））が主に採用されています。といっても、一部の先生方が主張されるように、「全部がこれだけで必要十分」というものではありません。この「SI」は、一部の分野の大先生方が強力に主張されるほどの「完全性を持つもの」というにはまだほど遠いのです。それに加えて、これからの国際化の動きの中で、よその国でもわが国と同じシステムが普及しているという保証などまったくないのです。例えば海外のテレビ放送などを見ると、世界各地の気温などが、われわれの普通お馴染みの摂氏温度とは違う表示になっていることに気づかれた方もおいでだろうと思います。また輸入機器についている圧力ゲージなども、psiなどと略された奇妙な単位で刻まれているものが間々あったりしますので、受験時代のように「センセイが授業で言われることだけが絶対無二の正しいシステム」なんていったら不勉強ぶりを笑われ、下手すると詐欺の被害者となる可能性だってかなり大きいのです。このあたりを巧みにカヴァーしておかないと、自分だけではなく他人様の生命に関わることだって時にはあるのです。そのためもあって、身近にあってよく目にする（させられる）ものについては、ひとわたりここでまとめておきます。

　まずは**度量衡**ですが、この「度」は長さ、「量」は体積（容積）、「衡」は重さ（質量）を示すときの用語として昔から使われてきました。国際単位系（SI）はもともとメートル法が基礎となっていますから、長さはメートル、質量はキログラムが大本の基準で、体積は長さの3乗ですから立方メートル（m^3）ということになりますが、通常の化学で扱う体積

としては，これはちょっと大きすぎるので，普通にはこの1000分の1，つまり立方デシメートル（dm^3），別名リットル（L）をよく使います（◆）。さらにこの1000分の1にあたるミリリットル（mL）もお馴染みです。

「ミリ」とか「キロ」はSI接頭辞と呼ばれる10の冪乗倍を表す言葉です。その昔，講談社から刊行の月刊誌であった『少年倶楽部』の欄外豆知識のところに

「キロキロとヘクトデカけたメートルは

デシに追われてセンチミリミリ」

という覚え方（ニューモニクス）の戯れ歌がありましたが，1000, 100, 10, (1,) 0.1, 0.01, 0.001倍を示す接頭辞が巧みに読み込まれています。もっと広い範囲のSI接頭辞については表1・3をご覧ください。

スーパーなどで売っているミルクやジュースの紙パックを見ると，1000 ml（つまり1リットル）のような内容表示があります。リットルの略記号はこのパックの表示のように小文字の「l」を使うのが正式なのですけれど，わが国では永年にわたってイタリック体（斜体）の「*l*」を使ってきました。これは数字の「1」と区別しやすいように考えられていたのです（今でも高校の生物学のテキストなどではこの斜体の「*l*」が見られます）。ですが単位にはローマン体（立体）の文字を使うこととなり，特に使用頻度の高い化学の分野では大文字の「L」を使うことが増えてきました。この本でも以下では無用の間違いを避けるためにリットルには大文字の「L」を使うことにします（♠）。

医学や薬学などの分野では，昔風の言い方が残っていて，「cc」という体積の単位がよく現れますが，これは立方センチメートル（cubic centimetre）の省略形です。$1\,cm^3 = 1\,cc$ というわけです。1 cmは1 mの100分の1ですから，$10^{-6}\,m^3$，すなわち $10^{-3}\,L = 1\,mL$ なので，新しい測定器具などは「mL」表示のものが増えてきています。

MKS単位系，つまりメートル，キログラム，秒を基本単位とする単位系はもともと電気工学方面との相性のよい単位系でしたから，SIにも比較的容易に統合できました。そのため，MKSA（Aはアンペア）を基本単位とするシステムがかなり以前から利用されてきています。ところがそれ以外の分野では，必ずしもすんなりと統合できるようにはなっていません。世の中の人間がすべて，狭い意味の物理学者と電気工学者だけだったら，今の国際単位系はまさに理想的だったのですが，物理学に縁の近いはずの天文学や光学，磁気学などの分野でもすでに非SI単位が盛んに利用されていますし，これらが使えなかったら大騒動になっ

◆ 以前の定義では，リットルと立方デシメートルにはわずかな差がありましたが，1964年に「$1\,dm^3 = 1$ リットル」と国際度量衡委員会で再定義されました。

♠ 国際単位系（SI）では，大文字の略記号は人名由来の単位に限定されていたので，この「L」は破格で「望ましくない！」と言われる大権威もおいでなのですが，間違いを避けるためには致し方ないのでしょう。欧米の国際的な学術雑誌でも使用例が増えてきています。もっとも，十九世紀のフランスにはリットル（M.P.E. Littre (1801-1881)）という，フランス語の大辞典（30巻）を編纂した偉い文学者がいたのです。フランスで「Littre」というと普通にはこの大辞典を指すほどだったので，体積のリットルもこの学者の名から取ったのだという記事（もちろんジョーク）が英国の学術雑誌に載ったことがあり，まともに受け取った各国の大先生方も少なくなかったということです。

てしまいます。化学や薬学や生物学でも同じように，一見いかにも精密で美しくも見える SI も，使いにくい所が結構あるのです。医学や看護学，生態学や環境，農業，工業現場などに至ってはむしろ SI 単位の方が劣勢ですらあります。諸兄姉の今後の活躍分野を考えると，高校までのテキストのように国際単位系一本槍というのはどうみても得策ではありませんし，また要求される厳密さだって，常に十桁近い有効数字が必要となるわけではないのです。

　ところが最近まで刊行されている単位に関する解説書の類は，ほとんどが「SI」の熱心な信奉者，あるいは普及を使命とする立場の大権威の手によるものばかりで，不具合について述べてあるものは極めて少ないのです。現実にはまだまだ不完全な点も残されている以上，いくら法令で定められたとしても，あちこちで実際に起きている不都合な点は一切無視して，「何か異論を唱えることは世の中の正義にさからう罪悪である」というのでは，およそ「科学的」な姿勢とはいえません。「なにか新興宗教（邪教？）のような気配すらあるね」と述べられた老先生もおられました。本来からすると，実際に使っている方からのクレームを取り上げて，それを元にもっと優れたシステムに改善されてしかるべきものなのです。いまのままだと，第二次大戦後のどさくさに紛れて国語審議会の手によって強制的に施行された「当用漢字」システム（♠）と同じように，時代遅れのルールを世人に押しつけて不具合を堪え忍ばせる結果となりそうです。

　現実に使用されているいろいろな量の測定に際しては，対象によってそれぞれに精度とスケールに対応した便利な尺度が使われてきたわけで，そのうちのかなりのものは世界的にも共通であるのですが，わが国の計量法などでも推奨されない単位で，「使用は望ましくない」などと記され，時には罰則すら伴うようになっています。でも，現実にはそれぞれの分野ごとに世界的な取り決めの下で通用しているものが少なくないのです。国際化時代が喧伝される昨今，諸兄姉はこのような便利なものは出来るだけ理解・活用できるようになっておくことがむしろ得策でありましょう。ただ，必要に応じて SI 単位に換算することさえ容易に出来れば，世界的な情報やデータの流通に益するところは極めて大きいといえます。もちろん根本的に無理な（換算不可能な）単位というものも少なからず存在するのですから，全部が出来なくたってかまわないのです。

♠　高島俊男先生や阿辻哲次先生がよく記しておられますが，この当用漢字の制定が行われた時点では，国語審議会の委員に選定された方々（かなりの老大家ばかり）にかなり偏向があって，日本語の機械処理（ワードプロセッシングなど）の可能性などまでを考慮できるほどの卓見の持ち主は一人もおいでにならず，厄介なことはみんな先送りするだけで何十年も放置してしまった結果なのです。

第1章　化学で使ういろいろな言葉や概念

1.3　指数と対数・有効数字

　アメリカの初等教育では，加減算（足し算と引き算）ばかり熱心に教えて，乗除算（掛け算と割り算）は上級数学だからといってほとんど時間を掛けずに済ましてしまうという極端なカリキュラムを採用している所があるそうです。でも乗除算がそんなに難しいのなら，加減算に換算出来ればずっと簡単になるはずです。

　私たちは，いろいろな量をあまりそれと意識せずに「比」の形で検知・理解している場合が少なくありません。地震のマグニチュード，星の等級，音の高さや大きさ，その他にもいろいろあります。

　しばらく前に各界で話題になった『歴史は「べき乗則」で動く』（◆）という書物がありますが，あらゆる数を **10の冪**，つまり10の何乗という形で表現出来れば，極めて便利な分野が結構あるのです。数値が大きすぎたり小さすぎたりしますと，普通に（マスコミ流に）記載するとゼロがゾロゾロ並んで，一体本当はどのぐらいの値なのかがかえってわからなくなるのが常です。例えばさる便覧には，海水中のウランの濃度が「0.0000033 g/L」のように記してありましたけれど，このときには並んでいるゼロは桁数を示すだけの意味しかありません。同じように「東京都の平成23年度の年間予算が11,764,184（百万円）」のような数値がよく新聞などに載りますが，こういうときに細かい数字が8桁も必要となるケースは実はさほどなく，普通には「11兆8千億円弱」というぐらいで十分でしょう。このような概数についても，現代の新聞記者諸公ならば「約一一八〇〇〇〇〇〇〇〇〇〇〇円」のように書いて恥じることもありませんが。このゼロの列は位取り以外には意味を持たないこと，前記の海水中のウラン濃度と同じなのです。

　こういうときには，ウラン濃度なら 3.3×10^{-6} g/L，都の予算なら 1.18×10^{13} 円のような書き方（英語では scientific notation というようです。つまり科学的記数法）をすればすぐに誤解なくわかるのです。

　正の数ならすべて10の何乗という形で表現することができますが，このときの右肩に乗る数値を「**指数**（exponent）」といいます。この方式で表現すれば，乗算は指数の和，除算は指数の差となりますし，累乗は指数の積，累乗根は指数の何分の一という形で表現できます。これならアメリカ風の「加減算だけで大部分を済ませる」ことも可能となるわけです。

　逆に考えると，あまりにも大きさに違いのある数値を一緒に論じなくてはならない場合には，この指数の方を x として，必要に応じて 10^x を求めて使えば便利な場合も少なくありません。このときの「x」は**対**

◆　マーク・ブキャナン著，水谷淳 訳，早川書房（2009）。

数 (logarithm) と呼ばれます (これに対する 10^x は「真数」といいます)。正確には「常用対数」です。これを使うと乗算は対数の和, 除算は対数の差となりますし, 累乗は対数の積, 累乗根は対数の何分の一という形で表現できます。

その昔の理工系の教科書類には, 例外なく4桁の対数表が表か裏の見返しに印刷されていたものでした。工学部で数値計算を日常的に行う学生さんたちは, 6桁や7桁の対数表 (結構高価でした) を手垢で真っ黒になるまで使っていたものです。いまなら関数電卓一つあれば済むことでも, ずいぶん余分な時間と手間がかかったのです。

実際に対数計算の例を示してみましょう。6・2節で出てくる気体定数 (R) を求めてみることにします。標準状態 (1気圧, 273.15 K) における1モルの理想気体の体積は 22.4142 L であることがわかっています。ボイル-シャルルの法則は

$$pV = nRT$$

ですから (◆),

$$R = \frac{pV}{nT}$$

◆ ここで, p は気圧, V は体積, n は物質量 (モル数), T は温度を表します。

で求めることができます。もちろん電卓に数値を入れて計算してもいいのですが, 練習のために対数計算でやってみましょう。

両辺の対数 (常用対数) をとると

$$\log R = \log p + \log V - \log n - \log T$$

となります。電卓ならそれぞれの数値を入れて「log」のボタンを押すだけで対数が得られますから, $p = 1$, $V = 22.4142$, $n = 1$, $T = 273.15$ について, それぞれ対数を求めて加減算をやればいいのです。念のために数値を下に示しておきますが,

$$\log R = 0 + 1.3505232 - 0 - 2.4364012 = -1.085878$$

これを真数に直すと (電卓なら 10^x のボタンを押せばいいのです)

$$R = 0.0820582$$

と求まります。この単位は, 使用した数値の単位から L·atm mol^{-1} K^{-1} となることがわかります。気圧の代わりにパスカル単位の 101325 Pa を用いると, 圧力と体積の積はエネルギーになるので, ジュール単位 (1 J = 1 N m) が使えますが, このときは $\log p$ のところが 5.0057166 となるはずなので

$$\log R = 5.0057166 - 3 - 1.085878 = 0.9198386$$

すなわち

$$R = 8.3145474 \text{ (J mol}^{-1}\text{ K}^{-1}\text{)}$$

となります。今は電卓での計算値を記してありますが, 普通の化学の計

算では対数は小数点以下 4 桁まで取れば，十分な精度が得られるのです．つまり

$$\log R = 0.9198 \longrightarrow R = 8.314 \text{ (J mol}^{-1}\text{ K}^{-1})$$

でいいのです．

　ここに記したのは「常用対数」で，正確には $\log_{10} x$ のように書くべきなのですが，あまりにも普通であるために数学の授業以外ではこの「10」（これはよく「底」と呼ばれます）をわざわざ記す必要などまずありません．これとは別にネーピア数 $e = \lim_{n \to \infty}(1 + 1/n)^n = 2.718281828\cdots$ を底にした対数（自然対数）もよく使われるものですが，こちらを示す場合には ln を用います（数学の先生は $\log_e$ と記すようにキビしく言われますが，これこそ受験数学の世界だけ役立つ記法です）．これは微積分と関連したときに出てくる対数で，常用対数とは容易に変換できます．

　実際に対数が役立つのは，pH の計算や化学反応速度，放射能，さらには薬剤のクリアランスなどの世界で，ほとんどが常用対数を活用しています．もっとも最近では，内外を問わず対数を理解できない学生さんが増えたせいか，通常のスケールだけでやたらに面倒な計算をやらせるテキストや演習書も増えているみたいですが，あとの放射線と放射能の所（第 14 章）などをご参照くださればこの便利さがおわかりいただけると存じます．

　もちろん座標軸を最初から対数軸で記した方眼紙もあり，一方の軸だけのものは「片対数方眼紙」，両方とも対数軸のものは「両対数方眼紙」といいます．冊子体で購入できますが，一枚だけほしい場合にはウェブページからダウンロードできるサーヴィスもあります．ご参考となるかも知れないのでウェブページのアドレスを記しておきましょう（◆）．

　ところで，今の対数計算もそうですが，先ほどの海水中のウラン濃度や東京都の予算みたいに，何桁も数字を並べても，いつも全部が意味を持つわけではありません．何桁までが意味を持つのかを考える必要があるのです．この「意味を持つ数字」のことを「**有効数字**」といいます．

＜有効数字の計算＞

　小学校時代の算数の計算と違って，大学や専門学校での実際の計算に

◆
○　「対数グラフ ダウンロード―方眼紙ネット」houganshi.net/taisuu.php
対数グラフをダウンロードできます．片対数グラフ，両対数グラフがあります．オリジナル対数グラフ作成で，お好みの大きさ，線の間隔，色を使って作成できます．企業・個人問わず，誰でも無料で利用できます．
○　ちょっと欲しい用紙（グラフ用紙やレポート用紙）を自分で印刷できるガイドです．
http://nanapi.jp/958 に紹介されている「"Free Online Graph Paper/Grid Paper PDFs" (http://incompetech.com/graph-paper/)」は，様々な用紙のサンプルから自分が必要なタイプを選び，二, 三の設定を入力するだけで，ご希望の用紙を PDF 形式で自動生成してくれるサイト．対数方眼紙のほか，三角方眼や五線紙などいろいろな図柄をプリントできます．英語のサイトですが，使われている言葉はそんなに難しくありません．

際しては、「どこまでが意味のある数字なのか」ということを常に考えて実行しなくてはなりません。改めてこんなことを言われると仰天される方々も少なくないらしいのですが、要は「無駄な計算なんかしなくていい」ということと、それに「他人の出したいささか疑わしい計算結果をチェックするとき、これほど強力な助けはないのだから」ということなのです。

　加減算と乗除算それぞれについて例を引いて説明してみましょう。加減算の場合に、例えば下記のような例があったとします。

「5.73 + 1.5321 + 11.311 の答えはいくらか」

という場合、ここで最も精度の低い（今の場合なら小数点以下の桁数が一番少ない）のは5.73、つまり小数点以下2桁までしか求まっていない場合です。ですから電卓を使って和を取った（この場合、マシンはバカなので、全部最大の有効数字があるものと思って計算してしまいます）なら「18.5732」という答えが得られます。でも、結果的には一番不確かな数値によって誤差が決まってしまうので、この場合なら、小数点以下2桁までしか信頼できないのです。つまりこの場合の意味のある答えは「18.57」ということになります。

　乗除算の場合も同じように考えればよろしいので、下の様な例を考えると

「0.1131 × 12.041 ÷ 10.1056 の答えはいくらか」

このなかで有効数字の一番小さいのは0.1131、つまり4桁のものです。したがって、この計算を電卓で行った結果は0.134760637…（もちろん普通の電卓では10桁以上の数字は出てきません）となりますが、意味のある数字は有効数字の一番小さい数値に合わせるのですから、答えは0.1348（計算の一番最後で一桁余分にとって四捨五入します）ということになります。

　個数とか定倍数の場合には、もともとが整数ですから、有効数字は無限大として扱う事に留意して下さい。

　ところで、普通の場合、対数でも四桁あれば十分だというのは、われわれが普通に測定して得られる数値は、特別な場合（例えば度量衡の国際標準を検定する場合）など以外では、せいぜい3桁から4桁ぐらいまでしか意味のある値は得られないのが普通だということなのです。つまり普通の場合なら有効数字は4桁と見なせばいいので、電卓で10桁も出てきても末尾の方が重要になるような場合は極めて稀なのです。

　ランダムな事象の平均値（例えば放射能の計測）などだともっと揺らぎが大きいのが普通です。あんまり細かい数字に拘泥しすぎると、かえって予期せぬ誤りの混入を招く可能性が大きいのです。

第1章 化学で使ういろいろな言葉や概念

得られた数値のどこまで自信を持って言えるのかということは、測定データを扱う際にいつも問題になることなのです。ところがディジタルに数値が直読できると、ついつい普通人は信用してしまうクセがあります。原発事故以来大量に持ち込まれた舶来品の放射能測定器など、得られた値の有効数字が一桁もないかも知れないというのは、さる放射化学を専門とされる大先生の言ですが、政治や経済の方ではもっと酷くて、某大国の国防予算など、最初の数字すら信用おけないというのは世界的常識だそうで、これは有効数字ゼロということになってしまいます。

章 末 問 題

復習を兼ねての力試し的な問題を作ってみました。関数電卓片手にどうぞやってみてください。計算などに必要な数値データのほとんどは、この本のどこかに掲げてあります。でももし見つからなければ、他の文献を探すなりして、あなたが最も合理的だと思う数値を選択して使ってください（ただしこの場合には、どこから問題とする数値を引いたかきちんと明記すること。出典が間違っている可能性は結構大きいので、出所を明記しないと、あなた方自身が誤りの全責任を負わなくてはならなくなります）。

1.1 次の数値の有効数字は何桁になりますか。
 (a) 0.0853400　 (b) 94.010　 (c) 70.43　 (d) 1.3800　 (e) 509

1.2 次の計算で得られる数値の有効数字は何桁でしょうか。
 (a) 473×202　 (b) 11200×0.007　 (c) 64.0×48.71　 (d) $46.09/26.2$　 (e) $1.0087/6022$

1.3 次の計算で得られる数値の有効数字は何桁でしょうか．
 (a) 23.56×24.983　 (b) $4.78/2.892$　 (c) $46.83 - 0.03$　 (d) $34.892 + 5.0$　 (e) $154.033/0.02$

1.4 次の計算を行って、正しい有効数字で解答してください。
 (a) $8.410 \times 5.00 =$　 (b) $34.01 \times 0.0072 =$　 (c) $3.003/4765.0 =$
 (d) $67.75/7.2 =$　 (e) $365.80 + 12 =$

1.5 次の数を科学的記数法で表すとどうなりますか。
 (a) $2400.7 =$　 (b) $370.24 =$　 (c) $0.00000564 =$　 (d) $0.00432 =$　 (e) $0.03840 =$

1.6 以下の数値の有効数字は何桁でしょうか。
 (a) ナトリウムイオンの血中濃度　$1970\,\mathrm{mg\,dm^{-3}}$
 (b) 光年をメートルで表現したときの値　$9.46\,\mathrm{Pm}$
 (c) 海水中のリチウム濃度　$0.17\,\mathrm{ppm}$

1.7 円周率を$22/7$や$\sqrt{10}$で近似することが実用上よく行われます。それぞれどのぐらいの誤差を含んでいるでしょうか。

1.8 大きな数の例としてよく挙げられる「グーゴル (googol)」と「グーゴルプレックス (googolplex)」というものがあります。グーゴルは10の100乗、グーゴルプレックスは10のグーゴル乗であるということです。それではこのうちの「グーゴル」の常用対数はいくらになるでしょうか。

第 2 章 化 学 種

> **本章のポイント**
>
> 化学種とは何か（原子，分子，イオン，…）／元素名と元素記号／化合物の名前の
> つけ方／化学「方程式」と化学「反応式」の違い／化学方程式の立て方

　化学で扱う対象は「**物質**」という総称で呼ばれるものですが，これにはいろいろなものが含まれます。まずは大づかみに「**純物質**」と「**混合物**」とに分けることができますが，それぞれ図 2・1 のようなスキームに区分可能でしょう。個々の例については，すでに中学校のテキストですらかなり詳しく触れられていると思うのですが，ここではおさらいを兼ねてやや詳しくまとめてみましょう。

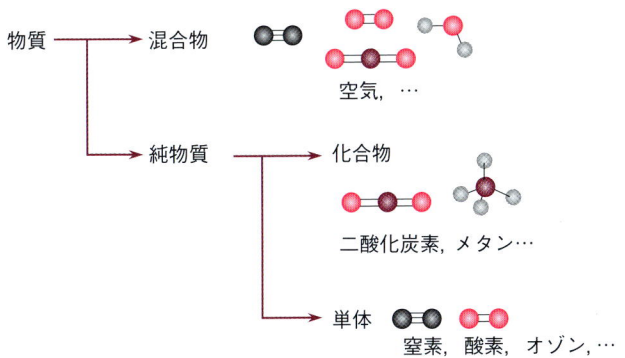

図 2・1　物質の区分

2・1　「化学種」とはどういうものか

　今から 1 世紀半ほどの昔までは，いろいろな物質を水に溶かしたときには，それぞれの物質の目に見えないほど小さなかけら（現代風に考えれば「**分子**」ということになります）が，大量の水の分子の間を泳ぎ回っているというように理解されていました。ところが化学の研究に新しい手法が導入されるにつれて，これではうまくいかない場合が結構たくさんあることがわかってきたのです。

　その中でも重要だったのは，いろいろな溶液に直流電気を通じたとき，電気を導くものと導かないものがあることがわかったことです。例えばグルコース（葡萄糖）やスクロース（蔗糖）の水溶液は電気を導かな

第2章 化学種

♣ ファラデー M.Faraday (1791-1867)

いのですが，食塩水や硫酸アンモニウム水溶液などは電気を導きます。これは水の中に電気を運べる小さな粒子が存在すると考えれば無理なく説明が可能なので，この小さな粒子に対して「イオン」という名称が与えられました。この名称は英国のファラデー（♣）によって考案されたものだそうですが，もともとはギリシャ語由来だということです。陽極（アノード，anode）に向かって動くものは当然ながら反対符号のイオン（陰イオン，anion）と呼ばれますし，逆に陰極（カソード，cathode）に引きつけられるイオンは正に荷電したイオン（陽イオン，cation）と呼ばれるのです。

このようにして，純物質は**単体**（同一の元素の原子だけで出来ているもの）と**化合物**に分けられますが，化合物はさらに分子から出来ているものとイオンから出来ているものに大別できます。分子や原子やイオンに加えて，これらが多数集合して出来たもの——錯体や高分子，合金などまで——を一括して呼ぶ用語として「**化学種**（chemical species）」という言葉が作られました。他の分野では，2個以上の原子が一緒に活動する場合にはよく「分子」という言葉を使っていますが（◆），これならもっと通用範囲が広いので，諸兄姉も使えるようになっていると便利でしょう。

◆ 例えば，宇宙科学の分野などではよく「星間分子」などという言葉が出て来ますが，この正体は必ずしも化学でいう「分子」に限られず，多原子イオンだったり，いわゆる遊離基（フリーラジカル）に属する不安定なもの，さらには単原子状態のものまで含めていることも少なくないのです。ですから「星間化学種」という方がふさわしいのですが，長いこと使われてきているためもう改訂しようがないらしいのです。

2.2 元素名と元素記号，簡単な命名法

受験化学の鬼教師たちは，やたらに「これは試験に出るから暗記すること！」とわめかれるようで，そのために諸兄姉はずいぶん無駄な努力を強いられてきたと思われます。化学の場合の必要な事項は，きちんとしたテキストや便覧，あるいは参考書をいつも手元に置いてすぐ参照できるようになっていればいいので，暗記する必要など，いくら教師のご託宣でも実際上ほとんどありません。まあ，それでもどうしても元素記号などを暗記したい（テレビのクイズ番組にでも出るつもり？）なら，満田深雪先生の書かれた『萌えて覚える化学の基本—元素周期』（PHP出版）みたいなもの（これはこれでなかなかおもしろいんですが，みなさまの好みもあるでしょうから）を利用されるのも一案でしょう。

元素名や元素記号，原子量などはほとんどの化学のテキストの見返しか，巻末の参考資料の欄に必ずといっていいほど印刷されています。周期表を暗記するなんていうおよそ無駄に等しい努力をされるぐらいなら，愛用のテキストや便覧を手元に一冊常備しておけばいいのです（♠）。もっとも，このためにはきちんとした索引がついていて手慣れているものであることが必要で，そうでないとどこに書いてあるのかがわ

♠ もっとも，以前にさる大手新聞社が入社試験問題に白紙の周期表を埋めよという問題を出したことがあるという話で，筆者の所へ問い合わせがあったこともありました。でも，この新聞社のそれ以後の記事を見る限り，記者諸公の化学知識の向上にはちっとも役立っているとは思えないんですが。

からずに隅から隅まで調べないと目的のものが見つかりません。

　いろいろな元素の記号は，もともと十九世紀の初め頃に，スウェーデンの大化学者であったベルツェリウス（♣）が，それまでの錬金術時代由来の奇妙な記号表記を改めて，学問の世界の共通語であるラテン語による元素名をもととし，この中から一文字か二文字を選択して表記しようと提案して始まったものです。ですから「カタカナで書かれているのだから全部英語」などとのたまうオバカなタレントたちとは所詮別世界の言葉なのです。例えば，金や銀や鉄，鉛，錫などは英語ではそれぞれが，gold, silver, iron, lead, tin のようになっていますけれど，元素記号は Au, Ag, Fe, Pb, Sn のようにまったく別の文字が選ばれています。これらはラテン語表記だと aurum, argentum, ferrum, plumbum, stannum のようになっているので，これらから二文字が抽出されて元素記号が作られていることがわかります（なお，化合物を表すときにも，これらから派生した形容詞形が用いられることがありますが，現在では古風な表現になってしまいました）。

♣　ベルツェリウス
J.J.Berzelius (1779-1848)

　大体このような古くからお馴染みの元素名は，それぞれのお国ごとに昔から伝統ある名称や雅名，俗称などがたくさんあって，情報の円滑，かつ正確な流通には大問題であったのですが，このベルツェリウスの方式が採用されると，いろいろな難点が雲散霧消して，たちまちに世界中で愛用されるようになったのです。もちろん別の場所に記したように，十九世紀末頃の清朝の翻訳者たちは，元素名や化学式を全部漢字で表現しようとしましたし，韓国などでは漢字を全廃してしまったため「산소（サンソ）」とか「수소（スソ）」（水素のことです）などのような日本語の音訳が現在でも行われているそうです。

　いろいろな化合物の名称のつけかたには，一般的なルールがあるのです。これさえ身についていれば，化学式と化合物とは簡単に置き換え

コラム

試薬に残るラテン語名称

　試薬名などでは時折古風な表現が採用されることもありますので，ラテン語起源の形容詞形が用いられることもあります。この方式もメモリのどこかに留めておくといいかも知れません。例えば stannous chloride とか plumbic oxide のような使われ方があるのです。これらは海外のTVニュースなどで目にすることがありますが，正式命名法の読み方に自信のないキャスターには，昔風ではあってもこちらがまだ使いやすいからなのでしょう。

　この -ous，-ic はそれぞれ酸化数の低い方と高い方を意味する接尾語で，以前なら「第一〇〇」，「第二〇〇」のように訳しました。今の場合なら塩化第一スズ，酸化第二鉛のようになるわけですが，前者はともかく，「酸化第二鉛」は半世紀以上昔の文献でしか見られません。つまり不便なものは，お役所や専門学会のシステムがどうであろうと，いずれは忘れられて行く運命にあるのです。

ことが可能ですし，日本語のわからない人たちでも化学情報の交換が可能となります。つまり化学用語は世界的に通用する共通言語の一つなのですが，高校の先生方でここまできちんとお教えになられる方は極めて少ないようで，そのために「せっかくの便利な点を完全に無視したままで，世の中に卒業生を送り出すというのでは，無防備の教え子を危険な戦場に送り出すようなもので，教育者としては失格である！」と憤慨されている老先生もおいででした。

化合物の名称には，系統的名称（組織名）と慣用名の二通りがあります。例えばわれわれの身の回りでお馴染みの「水」などをとってみると，下の表に書きましたようにそれぞれのお国ごとに昔から使われてきた名称が定着していて，系統的名称（dihydrogen monoxide，一酸化二水素）などは特別な場合（むしろジョーク）にしか用いられません（♠）。でも化学式で H_2O と記すなら，広い世界のどこでもきちんと通用するのです。

♠ 読者諸兄姉の大部分はインターネットを使える環境においてだと思いますが，可能なら，「DHMO ban（禁止運動）」というキイワードで検索してみるとよろしいでしょう。これは確かカリフォルニア州立大学の学生さんがずいぶん前に始めたジョーク集で，中にはずいぶん下がかった記事も含まれていますが別にその筋から差し止めということにもなっていません（なお，一部だけなら日本語訳になっている部分もあります）。

各国語による水の名称

日本語	水（みず）	イタリア語	acqua
中国語	水（hsui）	スペイン語	aguas
英語	water	ロシア語	вода(woda)
ドイツ語	Wasser	ラテン語	aqua
フランス語	eau	ギリシャ語（古典）	υδωρ (hydor)
オランダ語	Water	ギリシャ語（現代）	νερο (nero)

諸兄姉にとって大事なのは，化学式と名称との対応関係を間違えずに把握することで，その際には系統的な名前の方が便利なのですが，分野によっては，短くて便利な慣用名の方が実際には流布している例も少なくありません。さらに特別な業界（例えば麻薬中毒者などの世界）では，符丁めいた俗称の方が通用していることもありますが，わざわざこんなアブナイ用語までマネする必要はないでしょう。

系統的名称は，化学式と一対一に対応づけることが容易です。という

ことは，誤解を招きそうだったら化学式を活用できればいいのです。無機化合物の場合と有機化合物の場合にはシステムが少しばかり違うので，それぞれ第11章と第12章に手ほどきみたいな説明をまとめてあります。

2・3 化学方程式と化学反応式

もともと「**化学反応式**」は生物学方面で使われていた言葉でした。例えば

$$C_6H_{12}O_6 + O_2 \longrightarrow CO_2 + H_2O$$

のような形のものです。これは一見化学的な表現のように思えますが，内容は「グルコースが酸素で酸化されて二酸化炭素と水になる」という生体代謝の基本的な反応を，化合物名を化学式で置き換えただけに過ぎません。これだと生物学的には大事な内容かも知れませんが，化学的にはほとんど意味のない内容になってしまいます。

化学方程式という場合には，両辺における各元素の原子数が一致していなくてはなりません。この場合，受験教師たちなら係数のついた形のモノを暗記せよと教えるのでしょうが，実は簡単な未定係数法で求めることが諸兄姉なら容易に出来るのです。それぞれに係数を与えて次のような形にしてみます。

$$x\,C_6H_{12}O_6 + y\,O_2 \longrightarrow z\,CO_2 + w\,H_2O$$

ここでそれぞれの元素（炭素，水素，酸素）について左右両辺の原子数が一致するように式を立ててみます。

炭素	$6x$	$=$	z
水素	$12x$	$=$	$2w$
酸素	$6x+2y$	$=$	$2z+w$

となるでしょう。未知数が4個あるのに，式が三つしか立てられないので，ここでは相互の比例関係だけがわかることになります。一番簡単な整数比となるようにすればよいのです。

ここでは，一番多数の原子を含むものの係数をとりあえず1と置いてみます。すると$z=6$となることはすぐわかります。同じようにして，$w=6$となることもわかるでしょう。この両方の値を第三番目の式に入れると

$$6+2y = 2\times 6+6 = 18,\ y=6$$

となるので

$$C_6H_{12}O_6 + 6\,O_2 = 6\,CO_2 + 6\,H_2O$$

となって化学方程式が見事完成しました（係数の1は通常は省略して書

かないことになっています）。

　この化学方程式は，最初の不十分で意味も薄弱な「化学反応式」とは違って，次のようなきっちりした定量的な内容を含んでいます。

1. 1分子のグルコースは6分子の酸素と反応して，6分子の二酸化炭素と6分子の水を生じる。
2. 1モルのグルコースは6モルの酸素分子と反応して，6モルの二酸化炭素と6モルの水になる（これは上の「1」の表現の両辺をアヴォガドロ定数倍したことに当たります）。
3. 1モルのグルコース（180 g）と6モルの酸素（$6 \times 2 \times 16 = 192$ (g)）とが反応して，6モルの二酸化炭素，すなわち $6 \times (12 + 2 \times 16) = 264$ (g) の二酸化炭素とおなじく6モルの水，つまり $(6 \times (2 \times 1 + 16) = 108$ (g) の水が生じる。つまり反応系（方程式の左辺）の質量は $180 + 192 = 372$ (g)，生成系（方程式の右辺）の質量は $264 + 108 = 372$ (g) で相等しいことがわかります。つまり「質量保存の法則」を表現していることでもあります。

　ここでは両辺を等号（イコール）で結んでいますが，生成するものにウェイトがある場合や，反応速度論などの場合には右向きの矢印（→）を使うことが多いし，化学平衡を扱う場合には両向きの矢印（⇄）を使って表すこともあります。化学反応の量的関係を示す「**化学量論**」においては，等号で結ぶことが普通なので，分析化学や工業化学においてはむしろこちらが普通です。

　化学方程式の左辺は「**反応系**（reactant）」，右辺は「**生成系**（product）」と呼ぶのが常ですが，平衡になっている場合は左右とも同格ですから，特にこのような区別はしません。

　ですから，受験時代の時代遅れ方式とは別の，もっと広い世界に通用するような化学のツールを是非とも身につけてほしいのです。こういう利点があることに高等学校の先生方は現実にはほとんど触れられないのですが，でも「化学」は自分に加えて他人様の生命をも左右できるほど重要な事柄なのです。そのために，われわれ化学者は，マスコミや無責任な「ノイジーマイノリティ」にいくら悪口を言われようと，どのように大事なのかは繰り返し記しておく必要があろうかと存じますし，また主義主張とは別に，諸兄姉やその周りの皆様方にもきちんとした理解が必要であるのです。

　以前に関西のさる小学校で，テレビの教育番組で見たということで，酒石酸（◆）と重曹を一緒にしてラムネの瓶に詰め，砂糖水を注いで即席レモネードを作るという実験をやったところ，内部圧力が大きくなりすぎて瓶が破裂してしまい，ガラスの破片で児童たちが大けが（でもな

◆　酒石酸ではなくクエン酸だったかも知れません。当方の入手したデータには両方の報告があるのです。

かったらしいのですが，マスコミはこう書いていました）したというニュースがありました。このときの担当教諭は「そのような危険があるなんて TV では誰も言わなかった」と（われわれから見れば「白々しく」なのですが，単なる無知でしかない）おおせられていました。

現在の教員養成課程で，「教育心理学」だの「教育原理学」だのという机上の空論めいた学問の講義（ほとんどが「座学」です）が盛んに行われているのに，大事な安全教育が如何にないがしろになっているかを，マスコミを通じて明らかにしてくださった貴重な情報でもありますが，化学は自分（および身の回りの人たち）の安全を保証するためにも大事なのです。

章末問題

2.1 有史以前から人類に知られている元素はいくつあるでしょうか。それらの名称と元素記号を列挙しなさい。

2.2 ナトリウムの英語名は sodium，カリウムの英語名は potassium となっています。どちらも，元素記号はまったく縁もゆかりもなさそうな文字が選ばれているのはなぜなのでしょう？

2.3 昇汞とか甘汞，沃度汞などという以前の薬品で用いられた「汞」とは何を意味しているのでしょう？

2.4 第2族元素の別名を「アルカリ土類金属元素」というのですが，この「アルカリ土類」とはどんな意味でしょうか。また，ほかにも「土」のつく物質がありますか？

2.5 英語名が「…ium」で終わる元素名は，一つの例外を除いて全部金属元素です。この例外となる元素は何でしょうか。また，なぜこのような名称が付いたのでしょう。

2.6 通称をそれぞれ「ハイポ」，「ハイドロサルファイト」という二種類の塩があります（これは少なくとも英語圏では同じように「hypo」「hydrosulfite」で通用しています）。化学式と正式名称を書いて，できれば正しい英語名もつけてください。

2.7 わが国の物理学者や電気工学者はよく「ネオジウム」とか「プラセオジウム」という不思議な元素名を愛用されます。それぞれの正しい元素名を日本語と英語で記しなさい（これは彼らの間でのみ通用する「ジャルゴン」つまり仲間言葉で，外国に行ってもまったく通用しないことに注意）。

2.8 日本化学会は毎年四月に新しい原子量表を公布しています。これを見ると，著しく有効数字の多い元素と，最大でも4桁しかない元素とが混在していることがわかります。なぜこのような差が出てくるのでしょうか。

2.9 欧米のミステリーに度々登場する毒物の「砒素」は，化学での「ヒ素」とは違うものだというのですが，それじゃこの正体は何でしょう。またこのような使われ方が普及してしまったのはなぜなのでしょうか。

2.10 早稲田大学の大槻義彦先生が以前から「ヒトダマはリンが燃えるものではない！」と繰り返し力説しておいでですが，このような誤解が広まっているのはなぜなのか推察してごらんなさい。

第3章 モルの意味の変遷

本章のポイント
モル（mol）の便利さ／「当量」と「規定度」／規定度の利点／国際単位（I.U.）

3.1 モルとはどんな由来の単位なのか

物質の量は「**モル**」を単位として測るのが便利で，濃度もモル単位で記述することが大部分です。それにこれを利用すればほかの分野ともスムースに情報のやりとりが可能となるのですが，昨今の「ゆとり教育」の余波のためか，このあたりはどうもないがしろにされてしまい，食わず嫌いを大量に養成しているといわれます。まずこのあたりから取りかかることにしましょう。いろいろなところで「化学」が大事だといわれるのは，関連する学問分野がたくさんあって，その間の情報交換を円滑に行えるためのツールが化学の中にはいろいろと備わっているからでもあるのです。

このモル「mol」という言葉は元々ドイツ語起源で，「Molekular-gewicht」の短縮形だということです。このドイツ語は「分子の重量」を意味します。最初のうちは専門の化学者同士だけのいわゆる仲間内言葉（ジャルゴン）だったようですが，学術論文に最初に取り上げたのは大物理化学者のオストヴァルト（♣）だといわれています。もともと「分子量にグラムをつけたもの」として使われてきました。そのため日本語訳は「グラム分子」ともいったのですが，実質は「分子量」グラムで，例えばグルコース（葡萄糖）なら分子式が $C_6H_{12}O_6$ ですから，分子量を計算すると

$$6 \times 12 + 12 \times 1 + 6 \times 16 = 180$$

となりますから，180グラムを1「グラム分子」として扱ったのです。これがやがて1「モル」と呼ばれるようになりました。同じように塩化水素（HCl）なら分子量は $1 \times 1 + 1 \times 35.5 = 36.5$，二酸化硫黄（亜硫酸ガス，$SO_2$）なら $1 \times 32 + 2 \times 16 = 64$ となるので，それぞれ36.5 g，64 gが1モルということになります。同じように考えて，「原子量にグラム」をつけたものは「グラム原子」と呼ばれるようになりました。

十九世紀の中頃までは，食塩や砂糖などのいろいろな物質を水に溶か

♣ オストヴァルト
F. W. Ostwald (1853-1932)

したときには，それぞれの微細なかけら（現代風にいえば「分子」）がそのまま水中を泳いでいるものだと考えられていました。ところが，研究手法がだんだん進歩してくると，この水溶液はそんな簡単なものではないことがわかってきました。例えば砂糖水（化学の分野ですから，ちょっとあらたまって「蔗糖の水溶液」ということにします）は電気を導かないのに，食塩水（こちらは「塩化ナトリウムの水溶液」）は電気を導くことが出来ます。この電気を導く（運ぶ）小さな単位は，英国のファラデーによって「**イオン**」という名が与えられました（2・1節参照）。このイオンには，プラス（正）に荷電したもの（陽イオン）とマイナス（負）に荷電したもの（陰イオン）とがあり，通常の場合には全体として中性となるようにそれぞれの電荷の総和は相等しくなっています。このような正負の両方のイオンが静電引力で結合して結晶となったものが「**塩**」で，塩化ナトリウム（食塩）はまさにこの典型なのですが，この中には蔗糖と同じような「分子」は存在していません。

　つまり「蔗糖」は分子がそのまま水に溶けているとしてかまわないのですが，「塩化ナトリウム」はイオンの集合体だということになります。そうしますと「分子量」という言葉は「分子の存在しない化合物」についてはどうも具合が悪く，適用できないことになってしまいます。

　そこで先の「グラム分子」の概念をさらに拡張して「グラムイオン」のような呼び方もされるようになりました。もっともこの時代は，イオンの質量を直接測定することはまだできませんでしたが，電子の質量は原子全体の質量に比べるとずいぶん小さい（1/1000以下）ので，「ナトリウムイオン1モル」の質量は，1グラム原子のナトリウムと同じと考えて，これを「1グラムイオンのナトリウム」のように呼ぶことになったのです。

　そこで，このような塩類の場合には，最も簡単な成分の構成を化学式で表し，その原子量の和をとって「**式量**」ということになったのです。つまり式量は成分イオンそれぞれのグラムイオンの質量の和ということ

第3章 モルの意味の変遷

になります。

こんな七面倒なそれぞれの定義を全部包括して,「モル」という用語を使うことになったのですが,そうしますと,分子や原子やイオンや塩などのいろいろな化学物質をみな「モル」単位で処理することが可能となったのです。つまり

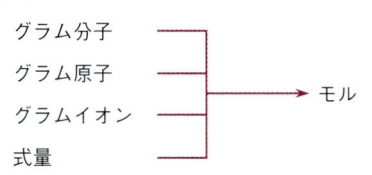

```
グラム分子 ─┐
グラム原子 ─┤
グラムイオン ─┼─→ モル
式量     ─┘
```

のように,バラバラに定義されていたものを一括して扱えるようになりました。化学者にとっては,それまでの厄介な使い分けを気にする必要がなくなった大福音だったのです。

ところが,この1モルの中に含まれている成分の単位であるイオンや分子や原子の数はアヴォガドロ数個,つまりおよそのところ六千垓(詳しくは 6.022×10^{23})個となるので,それなら他のものも同様にこの数だけまとめたものを「モル」で表現できるといいという,素粒子物理学などの他の分野からの要求がでてきました。この「垓」とは第1章にも記しておきましたが日本古来の数の単位で,一兆の一億倍(10の20乗)を意味しています。もともとは仏典由来らしいのですが,短く一字で済むので覚えておくと便利かも知れません(◆)。

この結果として,現代の物質量としての「モル」の定義が決まったのです。ですから,もともと原子量などない「電子1モル」という表現も可能となりましたし,地球上の人類の頭数が66億人だとすると,これは「1.1×10^{-14} モルの人間」ということにもなるわけです。人間にはもちろん分子量も原子量もありませんが,頭数を数えることは出来るので,モルで表現することも可能となったのです。これが現在テキストにある最新の「モル」の定義なのですが,実用上大事なのはむしろ昔から使われてきた「グラム分子」や「グラムイオン」,「式量」などを一括して表現したものとしての用法なので,成分粒子の個数が問題となるのはかなり特別な場合に限られます。後述の「ホメオパチー」の説明(p.122)などをご参照ください。

もっとも,「モル」はあくまで「物質量」の単位で,「数」ではないと強硬に主張される大先生が世界的にも多数居られることは事実ですが,一方では,それなら物質でもない「光量子」をモル単位で測るというのは矛盾ではないか(♠)という反対意見もあるぐらいです。こういう単に言葉をもてあそぶだけの七面倒なヘリクツ論議は,議論がお好きな物理学者に勝手にやって頂くことにして,われわれは便利な使い方にだけ習

◆ 一兆の一万倍は「京」で,そのもう一つ上の位取りになるわけです。「京」の方はスーパーコンピュータの名称ですっかりお馴染みになりました。
(写真は Wikipedia より)

♠ 光量子の単位の1「アインシュタイン」は1モルの光量子であると定義されているのです。

熟すれば，それで必要十分なのです。

　なお，この「モル」を単位として測った物質の量を「モル数」で表すことがよくあります。ところが，英語の「mol」は可算語，つまり数えられる言葉ではないので，こういう使い方は誤りであると主張される先生（特に物理化学方面の大権威）がよく居られます。この先生方は，「英語にメートル数という言葉がないのだから，モル数も間違いである」という議論を展開されますが，でもこれは別の言語にあちらの文法を無理に押しつけているだけです（♠）。

　私どもが日常駆使している日本語の世界では，もともと「○○を単位として測った数量」を「○○数」と呼ぶことには長い伝統がありましたから，今でも諸兄姉が特に意識せずに使っているでしょう。例えば鉄道の乗車距離は「キロ数」ですし，船の大きさは「トン数」，テレビやモニタのサイズは画面の対角線の「インチ数」，ハードディスクやジーンズのサイズなどもインチ数で表すことになっています。航空会社の「マイレージサーヴィス」も，搭乗距離の「マイル数」に応じたサーヴィスを意味しています。コンピュータの世界なら「ビット数」とか「バイト数」「ピクセル数」なんてものもありますね。実際にいろいろな関連分野でよく使われている用語には，エライ先生方が何と言おうと，いまのうちから馴染んでおくことが，将来ある諸兄姉には何としても必要なのです。

　モルに限らず，現在の高等学校の化学では，いろいろな単位については最新の定義だけをお教えになっているようです。でもこれは確かに精密ではありますが，実用上は不便きわまりないといわれる方々の数は決して少ないものではありません。特に工業や医療の現場に近い所で活躍している方々にとっては重大な問題となっています。つまり，せっかくの利点をそっちのけにして，やたらに繁雑で七面倒くさい計算ばかりおやりになる教師方がどんどん増えてしまい，「このように便利だ」という点はちっとも説明されないので，よけいややこしくなってしまいました。

♠　その証拠に，メートル法のご本家であるフランスには，ちゃんと「mètrage」というメートル数を表す言葉が存在しています。

コラム

kgかパスカルか

　先日NHKで放映された『大科学実験室』（この映像はたびたび再放送されていますので，これからもご覧になる機会もあるでしょう）の一コマに，高圧の水鉄砲を使ってリンゴを切るという，ずいぶんお金と手間がかかったと思われるデモンストレーションがありました。このときの高圧水流ポンプの圧力の示度が「kg」になっているのが大写しになっているのを見られた方々も多いと存じます。現場では誰もパスカルなんて使っていないのです。これは本来は「kgf」なのですが，現場の方々は通常はこれだけでみんなきちんと理解しています。

第3章　モルの意味の変遷

　この本の読者の皆様方の中では，将来において素粒子化学などという時代の超最先端分野を専攻される方々はまずは少数派だろうと存じます。だとしたら，いままで広く便利に使用されている化学での用語をまず身につけていただいた上で，厳密性が必要となる場合はその場面であらためてふさわしいテキストを見ていただくことにして，それぞれの場合に応じて要求される精度に合わせて新しい定義も同じように駆使できる柔軟性を持っていただければ一番よろしいのかと存じます。

　時代とともに測定手段が進歩してくると，要求される精密さもどんどん増加してきます。でもわれわれの日常の使用に対して，常にそれほどの厳密さが必要なのかというと，これは時と場合によるわけで，いつも素粒子物理学分野のように10桁近い有効数字が必要となるわけではありません（♠）。ですから，それぞれの用途や分野次第で，昔ながらの定義の方がずっと使いよい場合もあるので，その際には別に最新の精密な定義を振り回す必要などありません。

　ですから本書では，少しばかり時代遅れと感じられるかも知れませんが，実際に至極便利だった使用例の方をまず皆様にご披露したいと思います。そのあとで詳細な定義や使われ方が必要となった場合には，厳密な記載のある参考文献を参照できるようにきちんと記載することにします。

　諸兄姉にとっては，四角四面の厳密な定義はあるとしても，そんなものはとりあえず今のところ別として，とにかく日常よく目にすることがきちんと理解，活用できなくては，自分だけではなく他人様の命にもかかわることだってあることを認識していただければと存じます。医療現場では時には時間との戦いだってあるわけで，さるお医者様が「この新しいシステムなんて，まさに落語の「寿限無」じゃあないか。正確だからといって長々と難しい表記を使っている間に，肝心の患者さんがあの世に行ってしまうことだってあるんだよ」と言われたぐらいです。本当に必要なときだけ，専門の細かい数値への換算表が使えるようにしてお

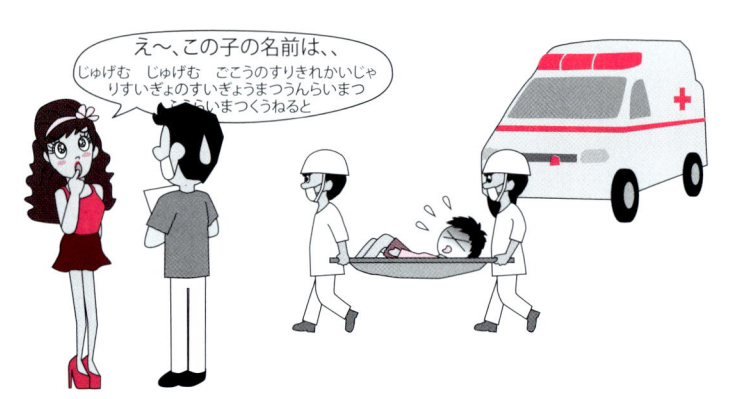

♠　実際にはこのような必要性は最先端の素粒子物理学以外ではほとんどないと思われるのですが，こと単位系の制定に関しては「物理学ショーヴィニズム（至上主義）」が支配していますので，われわれはその結果を上手に駆使（つまみ食い？）できればいいのです。

けばいいのです。

3・2 当量・規定度

　もともと化学者にとっては，実験的にかなり正確に求められる「**当量**」の方がよく使われていました。これは，最初はエライ先生方がそれぞれにかなり任意に基準を取っていたようですが，やがて水素 1 グラムとちょうど反応する，あるいはちょうど置き換えられる化合物の重量となりました。英語では「equivalent」といいますが，これは「等価な量」を意味します。やがて水素 1 モルと等価な量として定着しました。略記号は Eq で，臨床医学関係の文献にはしばしば出現します。もっと身近な例としては，スポーツドリンクとしてお馴染みのポカリスエット®のラベルをご覧になるといいでしょう（図 3・1）。

　臨床医学方面では，Eq はいささか大きすぎて使いにくいので，普通には 1000 分の 1 当量を単位として mEq を使っています（お医者様方は「メック」と呼んでいるようです）。この成分表が mEq 単位で記されているのも，もともと臨床医学方面での利用から始まったという歴史を物語っています。

　一塩基酸（一価の酸）や一酸塩基（一価の塩基）の場合には，1 モルが 1 当量となることはすぐおわかりだろうと思います。硫酸や炭酸，酒石酸のような二塩基酸ならば，1 モルは 2 当量になりますし，リン酸やクエン酸は三塩基酸ですから，1 モルは 3 当量ということになります。

　1 リットルの水溶液中に x 当量が溶けているような溶液は「x 規定」溶液といいます。この「**規定**」は normal の訳で，略称として N を使うこともあります。規定単位で表した濃度は「規定濃度」あるいは「規定度」のように呼ばれています。例えば市販の濃塩酸は 12 N，濃硫酸は 36 N だということになります。分析試薬などで 3 N の塩酸（希塩酸）が必要となったなら，濃塩酸を 4 倍体積になるように希釈すればよいことがすぐにわかります。

　規定濃度は斜体の N で表現するのですが，これを使うと中和条件は溶液の体積を V で表したとき

$$N \times V = N' \times V'$$

のように簡単にまとめられます。一々「この酸は何価だからモル濃度を何倍にして…」なんて考える必要がないのです。それに試料がいろいろな酸や塩基の混合溶液だった場合には，成分ごとにモル数に換算するような計算は厄介で時には無意味でしかありません。だから医学や臨床方面では，いくら物理化学の大ボスがダメだといっても相変わらず世界中

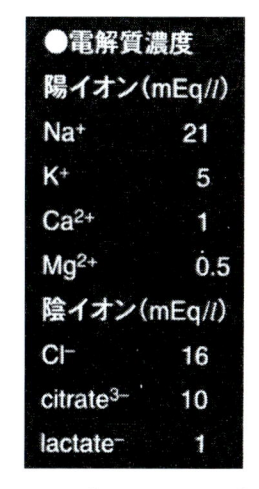

図 3・1　「ポカリスエット®」のラベル

で使われているのです。食品化学の方でも同じです。これを拡張したのが沈澱滴定の場合で，この場合は銀イオン（これも一価の陽イオンです）や塩化物イオン（一価の陰イオン）1モルとちょうど反応する量を1当量とすることになっています。

　当然ながら塩類の混合溶液の場合には，陽イオンの当量数の総和と陰イオンの当量数の総和は相等しくなっています（◆）。

　血液中の電解質の濃度のほか，イオン交換脱塩や，土壌の肥料保持能力の尺度としてやはりこのmEqがよく用いられているのは，様々なイオンの混合物系を扱う際には，モル濃度表示が不便で，どうしてもこれでなくては表現出来ないからなのです（つまりSIが万能ではない分野の一つでもあるわけです）。

◆ 百聞は一見にしかずですが，もう一度「ポカリスエット」のラベル（図3・1）をご覧ください。ただ多成分系の場合には小数点以下では誤差が累積しますので，ちょっとばかり不一致があるのですが。

3・3　国際単位（international unit）

　医学や薬学，看護学や栄養学などの方面で重要となるビタミンやホルモン，さらには抗生物質やワクチンなどについては，よく「**国際単位**」という記載があります。これはよく「I.U.」のように省略されていますが，先ほどのSI（国際単位系）とはまったく別です。必要ならば薬局方の解説書類を参照されればいいのです。現在最新のものは平成23年に改定された『第十六改正日本薬局方』ですが，これは五年に一度改定されますので，出来るだけ新しいものを使われることをお勧めします。なお，最近の解説書類にはよく「現在，ビタミンの多くは純物質が解明され，化学的な定量が可能になったため，国際単位が使用されるビタミンはA，D，Eの3種のみである」というような記載がありますが，実際上はそんなに簡単に全部が切り替わっているわけではありませんし，外国では時としてもっと古い記載法が採用されていることもあるのです。

　このあたりの対照表をコンパクトにまとめたものが在ザンビア日本大使館のウェブサイトにある「主要臨床検査項目単位換算表」です（http://www.zm.emb-japan.go.jp/ja/health/111100Clinical%20Chemistory%20Conversion.pdf）。ウェブサイトのいい所は，世界中どこからでもアクセスして利用できることです。海外で活動されている諸兄姉の先輩方の御苦労が少しでも減るといいですね。

　以下に，ビタミンやホルモン類の1国際単位（I.U.）がどのぐらいの量に当たるかをまとめておきましょう。

ビタミン A	レチノールの 0.3 μg
プロビタミン A	β-カロテン（カロチン）の 0.6 μg
ビタミン C	L-アスコルビン酸の 50 μg
ビタミン D	0.025 μg のコレカルシフェロール・エルゴカルシフェロール
ビタミン E	0.667 mg の d-α-トコフェロール（正確には 2/3 mg），あるいは 45 mg の dl-α-トコフェロールアセテート
インシュリン（インスリン）	0.0347 mg のヒトインシュリン 換算比は（28.8 I.U./mg）

このほか，卵胞刺激ホルモン，黄体ホルモン，甲状腺刺激ホルモンなどの検査結果や製剤なども国際単位で表示されていますし，酵素類の臨床検査値も同じように国際単位で表記されることになっています。ですが，臨床検査対象である GOT（AST），GPT（ALT），LDH，GGT，ALP，AMY などの酵素の単位にはいくつかの決め方があるようで，やはり詳しくは専門の書籍をご覧になることをお勧めします。お医者様が診断に使われる場合にちょうど便利な指標となるように制定されているとのことです。

章末問題

3.1 $0.1\ \text{mol L}^{-1}$ の硫酸 15 mL を中和するのに必要な $0.2\ \text{mol L}^{-1}$ の水酸化カリウムの体積はどのぐらいでしょうか。

3.2 0.15 規定のクエン酸 10 mL を中和するのに必要な 0.05 規定の水酸化ナトリウムの体積を計算してごらんなさい。

3.3 地球上の水の総量は 135 京トンです。これは何モルに相当しますか。

3.4 リンゲル液（リンガー液）の陽イオンの当量数は何 mEq/L となるでしょうか？

3.5 「ポカリスエット®」1 リットル中の陰イオンの総当量数は何 mEq/L となりますか？

3.6 いつぞや英国で起きたロシアの元スパイ殺人事件で使用されたのはポロニウムでした。ポロニウム（Po-210）のヒトに対する致死量はおよそ 1 μg と推定されています。これはポロニウムの原子数にすると何個ぐらいでしょうか。

3.7 人体の細胞の総数は約 60 兆個あります。この致死量のポロニウムがすべての細胞にまんべんなく行き渡ったとしたのなら，細胞一個に何原子含まれることになるでしょうか？

第 4 章 元素と単体，原子，分子，イオン

本章のポイント

元素の概念の変遷／「元素」と「単体」／様々な同素体／原子モデルの変遷／波動関数と電子の存在確率／原子の電子構造とその表記法

　元素（element）という概念は，ほとんどのテキスト類では古代ギリシャのターレスやアリストテレスに始まるとされています。でもこの彼らの考えたような「元素」の概念は，インドや古代中国の書物にも散見するので，何でもアチラというのはいささか不公平の感を免れません。例えば老子の『道徳経』や，列子や墨子などの著作とされるものには，物質の究極的な粒子についてのずいぶん深遠な考察がなされています。時代的にはアリストテレスなどよりずっと先行したものだともいえます。もちろんこれらは後世の偽作だと一蹴する向きもあるのですが，所詮は究極概念としての観念的なものですから，洋の東西を問わず同じような発想があっても不思議はないでしょう。

　ですが近代的な「元素」，つまり物質の究極的な限界単位としての定義を最初にきちんとしたのは，気体の法則で有名なイギリスのロバート・ボイル（♣）でした。彼は1661年に「元素とは，実験的にそれ以上単純なものに分けることが不可能な究極のもの」という定義を与えたのです。ただ，彼の時代には「**元素**」と「**単体**」のきちんとした区別がまだできていませんでした。

♣ ロバート・ボイル
Robert Boyle (1627-1691)

　もっと精密な意味の「元素」の定義は，一世紀ほど後のフランスのラヴォアジェ（♣）まで待たなくてはなりませんでした。ラヴォアジェは当時知られていた約三十種類の「元素」を表にしましたが，この中には「光」や「熱素」などもあり，また，当時の実験技術では単離できなかったけれど，将来はその成分として確認できるだろうと彼が考えたものがいくつか含まれていました。

♣ ラヴォアジェ　A. Lavoisier
(1743-1794)

　今日的な意味での元素の定義は，さらに遅れてイギリスのドルトン（♣）がまとめたものが初めだといえます。彼は1803年に

♣ ドルトン　J. Dalton
(1766-1844)

「単体も化合物もすべて粒子（原子）からできていて，それぞれの元素の粒子（原子）は固有の質量と大きさをもっており，分割できない。化合物は 原子が一定数結合したものであり，物質の変化は原子の組み合わせが変わるだけである」

と定義したのです。

もちろん，化学者が使える実験手段がその後二世紀の間に大きく広がったので，ドルトンの原子説は時と場合次第ではそのままでは適用できないこともありますが，大筋においては間違っていません。

4・1 元素と単体の違い

元素と単体は日本語では明確に別の言葉になっていますが，英語ではどちらも「element」で区別がありません。例によって拝外主義の先生方は，「英語では区別していないのだから，日本語も同じにすべきだ！」と主張されますが，実はこの区別は大事なことなのです。この区別は，もともとはドイツ語でのものだったので，「単体」の英語訳としては「simple substance」という言葉もあるのですがめったに使われません。前後関係からどちらの意味であるか察するようにということなのでしょう。

いわゆる消費者運動家のなかには
「食塩は，第一次大戦で使われた毒ガスの塩素と，水に入れると火を噴くナトリウムからできています。こんなものが身体にいいはずがありません！」
などというご託宣を垂れる大先生が少なからず居られるそうです（♠）。でもちょっと考えればわかるのですが，塩素が毒ガスとして使われたとか，ナトリウムを水に入れると火を噴くというのは，どちらも単体の塩素，単体のナトリウム（金属ナトリウム）の持つ性質で，これらが化合物を作ったあとまで単体としての性質を引きずっているわけではないのです。もちろん食塩（塩化ナトリウム）には，元素としての塩素やナトリウムがそれぞれ塩化物**イオン**，ナトリウム**イオン**の形で含まれているのですが，塩素ガスと金属ナトリウムが混合状態で存在しているわけではありません。

♠ 先ほどの元素と単体の区別無用論を主張される大先生方は，ひょっとしたらこのトンデモ消費者運動家を蔭ながらバックアップしようとされているのかも知れません。

4・2 同素体

普通の化合物でも結晶形の異なった構造の固体を生成する場合，これを「多形」というのですが，元素単体についてもこれが存在すると最初に述べたのはスウェーデンの大化学者ベルツェリウス（2・2節参照）でした。単一の元素だけから出来ている物質は上記のように「単体」といいますが，同じ元素の単体なのに，構成分子の結合様式や結晶形などが異なる場合には「**同素体**」と呼ばれます。高校化学ではあまりきちんと

教えられないようで，さる受験本には「SCOPと覚えろ」という奇妙な指針がありました．つまり硫黄，炭素，酸素，リンだけに同素体があるという意味なのです．確かに，昔から有名だったのは，酸素とオゾン，ダイヤモンドとグラファイト，黄リンと赤リン，斜方硫黄と単斜硫黄ぐらいでしたから，知識不足（時代遅れ？）気味の予備校あたりの教師だと「これだけ知っておけば十分！」と信じているのかも知れません．前にも記しましたが，高校の化学が今から一世紀ぐらい昔の所で止まってしまい，その後の進展についてほとんど触れられていない例でもあるのです．でもこれら以外にも同素体を持つ有用な元素はたくさんあって，しかもわれわれにとってはそれぞれの諸性質を活用したいいろいろな用途があるのですから，これではおよそ実際に役に立たない「受験術」だとしかいえません．

　同素体が存在する元素は，いわゆる「メタロイド」つまり周期表で金属元素と非金属元素の境界付近に位置している諸元素がメインだとされています（◆）．ですが最近では「金属水素」の合成すら報告されています（もっとも疑念がないわけではないようです）．木星や土星などの巨大惑星の中心部には以前から金属水素の存在が推定されていますが，まだ確証されていません．

　太陽電池用のアモルファスシリコンとか，複写機用の感光体である赤色セレンなどだって身近に存在していて大事な同素体の例なのですが，おそらくは「シケンに出ない」ということで無視されているのでしょう．このほかにも，ほとんどの金属元素単体にはいくつもの結晶構造の大きく異なったものが多数報告されているのですが，これはつまり半金属元素の同素体に相当するもので，むしろ単一の結晶構造だけという方が珍しいぐらいです．結晶構造解析は二十世紀になってX線の利用が始まってから急速に進展しましたので，それ以前のところで知識がストップしたままの旧態依然とした受験化学では説明できないのでしょう．

　身近にあって大事なのは金属鉄で，常温で安定な α 鉄（強磁性体）のほかに，γ 鉄，δ 鉄と呼ばれる少なくとも三種類の同素体が存在します．以前はこのほかに β 鉄と呼ばれるものも認められていたのですが，これは原子配列（結晶構造）が α 鉄と同じで，ただ強磁性を示さなくなった（つまり磁石に強く引かれることがない）だけのものなので，現在では「非磁性鉄」と呼ばれる方が多くなりました．

　金属プルトニウムに至っては六種類もの結晶構造の異なった形が存在していて，そのために精錬や化学処理が著しく難しくなっています．

◆　通常のテキスト類で「半金属元素（メタロイド）」とされている元素群の周期表における位置

					He
B	C	N	O	F	Ne
Al	Si	P	S	Cl	Ar
Ga	Ge	As	Se	Br	Kr
In	Sn	Sb	Te	I	Xe
Tl	Pb	Bi	Po	At	Rn

コラム

珍しい同素体

比較的最近報告された珍しい同素体の例としては，高圧下（10 GPa 以上）で安定な「八酸素（O_8）」とか，窒素の陽イオンであるペンタニトロゲニウムのアジ化物（$[N_5]^+[N_3]^-$）のような変わり種もあります。

「八酸素」は，兵庫県立大学の川村春樹先生の研究室と，同じく兵庫県の佐用町にある Spring-8 の研究グループ（産業技術総合研究所の藤久裕司主任研究員ほか）の共同研究の成果として 2006 年に報告されたのですが，何と濃い赤色の結晶性固体（普通の酸素の固体は薄青色です）だそうで，O_2 分子が 4 個，ベビーサークルみたいに正方形の枠状に配列しているというおもしろい形の分子からできているということです（産総研 TODAY, 2007-01 のリサーチホットラインの項に紹介と図面があります；http://www.aist.go.jp/aist_j/aistinfo/aist_today/vol07_01/p32.html）。

ペンタニトロゲニウム（$[N_5]^+$）は V 字形の一価の陽イオンで，ハロゲンなどのいろいろな一価の陰イオンと塩を形成するのですが，擬ハロゲンの一つであるアジ化物イオンとも同様に塩を形成可能です。この組成は $[N_5]^+[N_3]^-$ ですから，窒素原子だけでできているわけで立派な「単体」ですし，普通の窒素（N_2）とは別な構造ですから同素体に他なりません。ただ著しく不安定なので，まださほど研究が進んではいないようですが，軽くて強力な爆薬原料となる可能性が大きいと期待されています（宇宙ロケットの推薬なんかに利用できそうです）。

4・3 原子モデルの変遷

そもそも素粒子の中では，**電子の方が先（1897）に発見**されました。そのために最初の頃の原子のモデルとしては，電子を発見した英国の J.J. トムソン（♣）の考案した「プラムプディングモデル」（図 4・1：葡萄パンモデルという人もありますが）が提案されたのです。正電荷を帯びた雲の中に電子がバラバラに含まれているという何とも奇妙なものでした。

やがて，わが国の物理学の先駆者の一人である長岡半太郎先生（♣）が，これはやはりおかしいと思われて，中央に正電荷を帯びた核があり，その周りを電子が軌道を描いて高速で運動しているという土星型モデルを提案されました（1904；図 4・2）（♦）。

その後，英国のラザフォード（♣）が，ラジウムからの α 粒子（高速で運動しているヘリウムの原子核）を金箔に当てて，どのように散乱が起こるかの実験をしていて，あるとき，非常にわずかではあるものの，ものすごく大きな角度に反射される α 粒子が出現するという現象を発見しました。α 粒子は正電荷を帯びているのですから，これが反発されるということは同じようにプラスの電荷を持った物質があり，しかもその大きさは，原子全体に比べると著しく小さいという結論が導かれたのです。これから導かれたのがラザフォードの原子モデルです（1911；図

♣ J.J. トムソン
James J.Thomson（1856-1940）

♣ 長岡半太郎（1865-1950）

♦ 日本原子力研究開発機構（JAEA）のロゴマークはまさにこの土星型モデルの上に略称の JAEA を重ねて描いたものそっくりに見えます。
現在でも京都大学の原子炉実験所のような，原子力関係の研究機関や企業などに，同じようなデザインのロゴマークがよく採用されています。また「原子を使ったスタイリッシュなロゴデザイン 30 種類」というのも紹介されていますので，興味ある方々は下記のアドレスにアクセスしてご覧になるのもいいでしょう。
http://gigazine.net/news/20120711-30-awesome-atomic-logos/

♣ ラザフォード E.Rutherford（1871-1937）

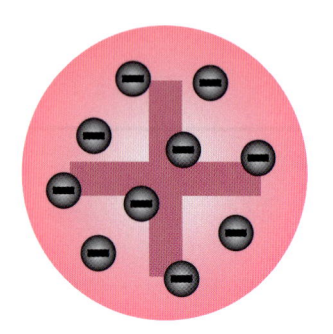

第4章 元素と単体，原子，分子，イオン

図4・1 トムソンの原子モデル

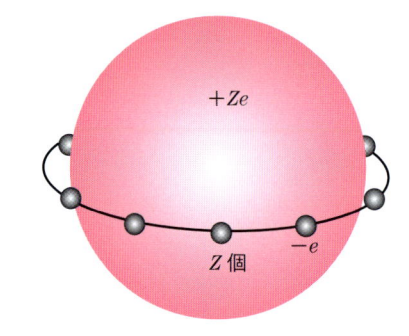

図4・2 長岡の土星モデル

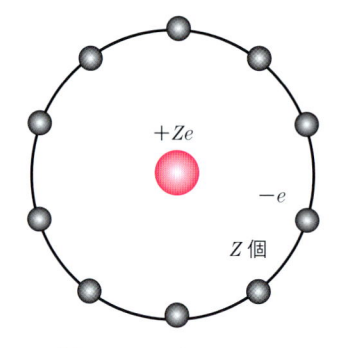

図4・3 ラザフォードの原子モデル

4・3）。つまり長岡先生のモデル同様，中心に正電荷を帯びた原子核があるのですが，その大きさは予想よりも著しく小さいものであることがわかりました。

　これで，今日の各所に見られる原子のモデルが出来たわけですが，ここで一つ厄介なことが出現しました。正の電荷と負の電荷は，クーロン引力（◆）のために互いに引き合うのですから，このモデルだと，電子はいくら高速に運動していても，原子核の周囲で螺旋軌道を描いて，次第に接近してついには衝突してしまい，原子自体が安定に存在出来ないことになってしまうのです。また，電子が原子核に引き寄せられるにつれてエネルギーを失うので，これが電磁波として放出されると，波長が連続的に変化するスペクトルを与えるはずなのですが，これより何年も前に，水素放電管の出すスペクトルが輝線スペクトルで，しかもその波長の間にはある級数関係が成り立つということが，スイスのバルマー（♣）によって発見されていました。

　この難点を解決するために提案されたのが，今からちょうど百年ほど前（1913）にデンマークのニールス・ボーア（♣）の考えた，いささか破天荒ともいえる簡単なモデルだったのです。ボーアの考えは，「電子は原子核の周りのいくつかの特定の軌道（円軌道）には安定に存在出来るが，それ以外の場所にあるときは不安定で，すぐにこの軌道に落ち着いてしまう。電子の軌道はそれぞれ特定のエネルギーを持っているから，その間で遷移が起こると，その差に対応したエネルギーが電磁波となりシャープな線スペクトルとして放出・吸収される」というものです。

　これによって，それまでの分光学上の難点と，原子の不安定性の問題が一挙に解決されてしまいました。その後ドイツのゾンマーフェルト（♣）によって，電子の軌道は原子核からの引力（中心力）で決まるのであれば，別にボーア流の円軌道でなくとも，楕円軌道だって同じように可能となるとして（◆），軌道の数はどのような数（量子数）で支配され

◆ 二種類の電荷があったとき，異符号の場合には相互に引力が，同符号の場合には斥力が作用します。これが「クーロンの法則」で，電気量の大きさが q_1, q_2（単位クーロン），電荷間の距離が r メートルとしたとき，作用する力は $F = k(q_1, q_2)/r^2$ となります。この k は比例定数で，真空中の場合に $k_0 = 9.0109$ N m^{-2} です。

♣ バルマー　J.J.Balmer (1825-1898)

♣ ニールス・ボーア　N.Bohr (1885-1962)

♣ ゾンマーフェルト　A.J.Sommerfeld (1868-1951)

◆ 中心力を受けた物体の運動が楕円になることは，かのニュートンが惑星や彗星の軌道についてつとに発見していたことでもあります。

るかを解き明かし，この結果，スペクトルに現れる多重線構造などが見事に解明されました。

4・4　波動関数で電子の居場所がわかる

やがて，シュレーディンガー（♣）とハイゼンベルク（♣）によって，素粒子（電子も当然含まれます）の持つ粒子性と波動性の二重性を考慮すると，原子の中の電子の挙動は単純な粒子よりもある確率分布を持った波と見なした方が記述に便利であることが判明し，この電子の存在確率を示す「**波動関数**」が考案されました。よく「**シュレーディンガーの波動方程式**」と呼ばれる，下のような微分方程式がありますが，この微分方程式は水素原子の場合ならば厳密に解くことが可能で，その結果として得られる「波動関数（ψ）」が電子の存在状態に対応することになります。波動関数（orbital function）は，そういうわけなので「軌道」ではなく「軌道を表現する関数」なのですが，特に区別せずに用いる先生方も少なくないようです。区別が必要なときにはこちらを「オービタル」と呼んでいます。水素原子についてのシュレーディンガー波動方程式は，空間は三次元なので，通常は (x, y, z) の三軸で座標を決めますが，e を電気素量，r は中心（核）からの距離としたとき，

$$\frac{\partial^2 \psi}{\partial x^2} + \frac{\partial^2 \psi}{\partial y^2} + \frac{\partial^2 \psi}{\partial z^2} + \frac{8\pi^2 m}{h^2}\left(E + \frac{e^2}{r}\right)\psi = 0$$

♣ シュレーディンガー
E.Schrödinger (1887-1961)

♣ ハイゼンベルク
W.Heisenberg (1901-1976)

のようになります。水素原子については極座標系に変換することで厳密に解くことが出来ます。

今の水素原子の場合は球対称のものとして考える方が楽なので，こちら用の座標系（極座標）を用いることにします。極座標は中心（今の場合ならプロトン）から垂直に立てた軸（普通の z 軸と同じです）を基準とし，中心から電子までの距離を「r」，原子核と電子を結ぶベクトル r と z 軸のなす角を「θ」，ベクトル r と z 軸を含む子午線面が z 軸と直交する面（xy 平面。赤道面）の基準軸（いわば x 軸）とのなす角度を「ϕ」で表すのですが，わかりにくければ**図4・4**をご参照ください。

この極座標を使って表した水素原子のシュレーディンガー方程式は下のように書けます。

$$\frac{-h^2}{2\mu}\frac{1}{r^2 \sin\theta}\left[\sin\theta\frac{\partial}{\partial r}\left(r^2\frac{\partial \psi}{\partial r}\right) + \frac{\partial}{\partial \theta}\left(\sin\theta\frac{\partial \psi}{\partial \theta}\right) + \frac{1}{\sin\theta}\frac{\partial^2 \psi}{\partial \phi^2}\right] + U(r)\,\psi\,(r,\theta,\phi) = E\psi\,(r,\theta,\phi)$$

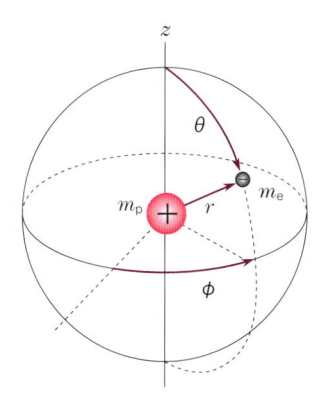

図4・4　極座標用の座標系

♠ シュレーディンガー大先生ご本人も最初はどうしても解けず，チューリヒ大学の仲間の数学者に頼んだという逸話が残っています。

この微分方程式を解くのは結構厄介なのですが（♠），とりあえず私たちにとって大事なのは解いて得られる結果です。

この波動関数（上の$\Psi(r, \theta, \phi)$です）はそれぞれの固有のエネルギー（E）に対応しているのですが，空間的にある分布を持っています。電子を1個だけしか含まない水素原子については厳密に解くことが出来ますので，ほかの単原子やイオンの場合にも，これからさほどずれていないだろうと考えられています。

水素原子についてのこのオービタルは，いくつかの量子数と呼ばれるパラメーター（n, l, m, s）で定まる級数の形となるので，これらの数でそれぞれが特徴付けられるのですが，最初に導入された量子数（n）はボーアの条件で指定される「主量子数」，二つ目の量子数はゾンマーフェルトが導入した方位量子数（l），三つ目の量子数は磁気量子数（m）（これもゾンマーフェルトが導入したものです）で，この三つの量子数はシュレーディンガー方程式の解のパラメーターとして得られます。四番目のスピン量子数はこれらとは別にパウリ（♣）が導入したものです。この四つの量子数で定められた状態には電子が1個しか存在出来ないということになります。

♣ パウリ W. Pauli（1900-1958）

オービタルはこのようにいろいろなパラメーターで定まるのですが，よく用いられる分類は方位量子数によるものです。まず$l = 0$のものはsオービタル，$l = 2$のものはpオービタル，$l = 3$のものはdオービタル，$l = 4$のものはfオービタルのように呼ばれます。このs, p, d, f,はそれぞれ sharp, principal, diffuse, fundamental の頭文字で（◆），その昔のスペクトル線の観測結果から名付けられたといわれます。

◆ そのために，今から半世紀ぐらい昔の訳書だと「鋭系列」とか「鈍系列」なんて訳がついていました。

いろいろな元素の原子やイオンの電子構造を示すには，よくns^2np^4のような書き方が採用されます。これは主量子数がnでsオービタルに2個，pオービタルに4個の電子が収容されていることを示しているのです。

原子番号の大きな元素の場合，電子構造をこの方式で書くとやたらに冗長になるので，よく[Ar]$3d^{10}4s^2$のような短縮した記法が用いられます。これは閉殻構造のアルゴン（きちんと書くと$1s^2 2s^2 2p^6 3s^2 3p^6$）と同じ閉殻構造の電子殻（これをよく「コア」といいます。「電子芯」という訳語もあります）の外側の3dオービタルに10個，4sオービタルに2個の電子が入っていることを示します。これが中性原子だとすると，電子の数は$2 + 2 + 6 + 2 + 6 + 10 + 2 = 30$，つまり原子番号は30となるわけで，亜鉛原子の電子構造がこれで表されることになります。

さて，このようにしてエネルギーの低い方から電子が詰まって行くわけですが，これはよくお菓子のチャイナマーブルのような同芯の球殻モデルにたとえられます。つまり電子の収まる「殻」があると見なすのです。一番外側の電子の殻（これはよく「価電子殻」と呼ばれます）が一杯

になると，この構造はエネルギー的に低い，つまり安定した状態になり，これに電子を押し込んだり，逆に電子をはぎ取ったりするのには桁はずれに大きなエネルギーが必要となるのです．この価電子殻が一杯に充填された形の原子は「希ガス（貴ガス）」にあたりますが，希ガスの化合物を作るのは著しく大変で，普通の化学反応条件ではなかなか出来なかったことからも，この価電子が一杯になった電子構造の安定性がおわかりいただけると思います．

水素原子のスペクトルは，真空放電管を使ってかなり以前からよく調べられていました．その中でも，可視部領域に現れる何本かの輝線スペクトルには，ある級数関係があることを最初に報告したのは，前記のようにスイスのバルマーというギムナジウム（わが国での中高一貫校に相当）の先生だったので，このスペクトルの系列には「バルマー系列」という名称が与えられています．後に紫外線領域で別の系列が発見され，こちらも発見者の名を取って「ライマン系列」と名付けられました．同じように赤外線領域にもいくつもの系列をなすスペクトルが発見されています．

これらのスペクトル線の系列の解析は，何十年間にもわたって物理学者を悩ませた問題だったのですが，前述のように二十世紀になってボーアが有名な原子モデルを提案し，その結果ようやく解決を見たのです．

章末問題

4.1 トリウムは天然には Th-232 のみが存在しています．このトリウムの原子核中の陽子と中性子の数は，それぞれいくつでしょう？

4.2 わが国の熟練した金箔作りの職人（箔師）の腕によると，木槌だけを使って1匁（3.75 g）の金を畳8枚分（4坪，約13.3 m^2）に均一に延ばすことができるということです．この拡げた箔の厚さを求め，金原子の何層に相当するか推算してごらんなさい（ラザフォードのα粒子の散乱の実験で使ったものはこれよりずっと厚かったらしい）．参考までに，金の密度は 19.32 g cm^{-3} です．

4.3 単一の元素のみを主成分とする鉱物（元素鉱物という）には，自然金や自然銀など結構いろいろなものがあります．この中には，わが国で初めて発見されたものもいくつかあるのですが，どのようなものでしょうか．また産出地はどこか調べてごらんなさい．

4.4 核分裂を起こす核種と，核融合を起こす核種は何がどのように違っているのでしょうか．

4.5 われわれの使っている普通の教科書類では，液体の金属としては水銀だけが挙げられています．しかし，インドのような酷暑の国のテキスト類ではもっと多くなっているということです．このリストに追加される金属元素はどんなものでしょうか？

4.6 「スズペスト」というのはどのような現象を指しているのでしょうか？

第 5 章 化学結合

> **本章のポイント**
>
> 二原子分子の結合／共有結合の出来方／電気陰性度とは何か／イオン結合／オクテット則／水素結合の役割

高校のテキストなどでは，原子がいきなり化学結合を作るように説明をしているのが大部分のようです。でもこれは明らかに説明が不足なので，私たちの住んでいる世界では，たまたま分子のような形をとっている方が多いというだけのことなのです。

5・1 はじめに陽子と電子ありき

◆ ビッグバンは，時には「大爆誕」などと呼ばれることもあります。

宇宙開闢（ビッグバン）（◆）以来のある時点で，大部分の構成物質が陽子と電子とになったことがあったらしいと，現代の宇宙論では推測されているようです。

この時点では，構成粒子のほとんどはまだ著しく大きなエネルギーを帯びていて，互いに引き合って原子を作るところまではゆきませんでした。このような状態だと，光子（フォトン）と電子との相互作用が大きくて，光子が直進することもほとんど不可能な状態（プラズマ）であったと考えられます。やがて温度が低下して（エネルギーが失われて）くると，原子核と電子とが結合して原子を生じることが可能となり，光子が直進できるようになったのですが，この時点をよく「宇宙の晴れ上がり」などといいます。ビッグバンの直後およそ 38 万年経過した時点でこうなったと推定されています。

それでは，水素原子がバラバラの状態にあった**陽子**（水素の原子核）と**電子**からできるとしたら，どのぐらいのエネルギーが放出されることになるでしょうか。

このためには，逆に水素原子をバラバラにする（つまりイオン化することになりますが）のにどのぐらいのエネルギーが必要かを測ってみれば，その値がわかります。水素原子のイオン化エネルギーはかなり精密に測られていて，13.595 eV，これは分光学でよく使う波数単位だと 109.797 cm^{-1}（いわゆるリュードベリー定数）に当たります。この波数の単位（cm^{-1}）はよく「カイザー（kayser）」（ドイツの分光学者カイザー

(♣) に由来しています) とも呼ばれるのですが，以前広く使われた「波数 (wavenumber)」は，SI に従うならば単位長当たり (つまり m^{-1}) になってしまうので，一時期廃れかけた呼び名がまた最近になって復活したようです (♠)。

♣ カイザー H.Kayser (1907-1976)

♠ もっとも，赤外吸収スペクトルやラマンスペクトルなどの分野では世界的にも結構広く使われてきたのですが，教科書を執筆されるような大先生方には無視されてきました。

5・2 バラバラの原子がどうやって分子になるのか

ところで，物質の密度が極めて希薄な宇宙空間ならば，水素原子同士が衝突する確率は極めて小さいのですが，われわれのなじんでいる条件 (1 気圧，温度は約 300 K) においては，水素原子は単独で存在するよりも，2 個が結合して分子を作る方がずっと安定なのです。つまり H_2 分子を作った状態が普通で，原子状態の水素を作るには，真空ポンプなどで極めて低圧にして，そこに高い電圧を掛けなくてはダメです。つまり真空放電管の中でなくては，水素原子は存在出来ません。

2 個の水素原子から水素分子が出来る際には，およそ 100 kcal，つまり約 400 kJ のエネルギーが放出されます (**表 5・1** 参照)。ということは，逆に水素分子を解裂 (つまり結合の切断) させるにはこれ以上のエネルギーが必要ということになるのです。

このあたり，普通の入門テキストでは，やはりお役所の締め付けが厳しいために，使える用語などにも制限があるので余計わからなくなっている傾向があるのですが，何十年も昔ならともかく，現在の私たちは，火星の表面や土星の衛星，惑星間空間，さては大気圏外からの地球表面の画像すら自宅の TV 画面で見ることが可能となりました。こうなると当然ながら説明に使えるいろいろなデータや用語も違ってくるので，使用する尺度なども昔風 (現代の文部科学省風) のテキスト一辺倒ではかえって難しくなることだってあるのです。ですから，自分の用向きにとって一番便利な単位を使い，必要に応じてほかの単位に換算出来さえすればいいのです。さらにはディスカッションの相手次第で，たくみに使い分けることが諸兄姉には第一に望まれるのです。これだけはほかの

表 5・1 化学で使うエネルギーの相互換算の表

	1 J molecule^{-1}	1 J mol^{-1}	1 cal mol^{-1}	1 eV molecule^{-1}	1 cm^{-1} (kayser)
1 J molecule^{-1}	1	6.02214×10^{23}	1.4394×10^{23}	6.2418×10^{18}	5.03411×10^{15}
1 J mol^{-1}	1.66084×10^{-24}	1	0.23901	1.3642×10^{-5}	0.0835935
1 cal mol^{-1}	6.9473×10^{-24}	4.184	1	4.3363×10^{-5}	0.34985
1 eV molecule^{-1}	1.602177×10^{19}	96485.3	23060.5	1	8065.34
1 cm^{-1} (kayser)	1.9863×10^{23}	11.98266	2.8591	1.239842	1

ここでの molecule^{-1} は一分子当たり (一粒子当たりのこともありますが) を指しています。

学問分野を専攻された方々に対して，あなた方が威張れる数少ない利点であるということは，もっと強調しておいてもどこからも文句は出ないでしょう。

　さて，例えば一番簡単な水素や酸素を考えてみましょう。普通にはこのどちらも二原子分子の形で存在しています。つまり H_2 や O_2 の形なのです。ところが，宇宙線のような高いエネルギーの粒子と衝突すると，これらの二つの原子をつないでいる化学結合が切れてしまい，水素原子や酸素原子が生じることになります。地球表面ならばこのような水素原子や酸素原子はあっという間にほかの元素や化合物と反応してしまうので，観測出来るほどの時間にわたって存在させるのはかなり難しいのですが，大気上層や惑星間空間，さては宇宙空間のようにもともとその空間に存在している原子や分子の数が著しく少ない条件だと，衝突する相手の数がものすごく少ないので，再結合して分子を作る確率が格段に小さくなってしまいます。そうなると，このような高いエネルギーを持つ単原子状態のものもかなり長時間にわたって存在出来るのです。

5・3　共有結合の出来方

　さて，2個の水素原子が接近してくると，やがて電子が対を形成し，その結果，間に結合を生じて二原子分子の H_2 を作った方がエネルギー的に安定になります。これはまさに量子力学的な取扱いの成果でもあるのですが，詳しい計算は結構厄介なので，模式的に示すと**図5・1**のようになるのです。この場合，両方の水素原子から電子がそれぞれ一つ供与されて電子対を形成し，両方の原子核の周りを動いている（つまり共有されている）形となるので，このような結合を「**共有結合**」と呼んでいます。共有結合は H—H のように横線で表しますが，この線のことを日本語では「**価標**」というのです。このようにどちらも同じ元素の原子なら，この間の結合における電子の役割は完全に等価で，まさに両方に均等に共有されているといえます。

　もちろん異なった元素の原子の間でも同じようにして共有結合が出来るのですが，その場合，結合に関与している電子の所在は，水素分子の

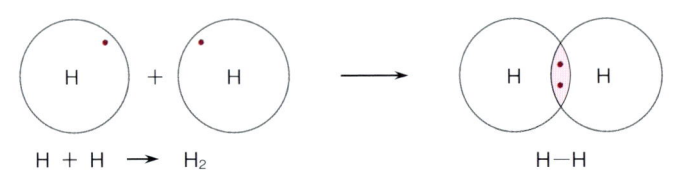

H + H　→　H_2　　　　　　　　　H—H

図5・1　2個の水素原子から価電子が共有されて水素分子が出来る

場合のように均等ではありません。これは波動関数から得られる電子の存在確率の計算値からもわかりますが，どちらかの原子の方に偏る方がむしろ普通です。このような場合には「結合が分極している」というような表現を使います。例えば塩化水素などを例にとると，塩素原子の方に結合電子が引き寄せられ，水素原子の方は裸に近くなるので部分的にプラスに，塩素原子の方は部分的にマイナスに帯電すると考えられます。図示すると右のように書けます。

$\overset{\delta+}{H} — \overset{\delta-}{Cl}$

このように，共有結合でも部分的に正負の電荷が存在していると見なせる形となるのですが，この種のものを「極性共有結合」といいます。

この結合における電荷の偏りの度合いを見積もろうと試みたのがポーリング(♣)でした。彼は結合エネルギーのデータをもとにして，次のような式でそれぞれの元素に「**電気陰性度**」を割り振ったのです。まずA, B 二つの原子同士の結合を考えるのですが，それぞれの二原子分子 A_2, B_2 の結合エネルギーを $E(A\text{-}A)$, $E(B\text{-}B)$ で表し，原子 A と原子 B の結合エネルギーの実測値を $E(A\text{-}B)$ とすると，純粋な共有結合と仮定した場合の結合エネルギーとの差，$\Delta E(A\text{-}B)$ が定義できます。

♣ ポーリング L. Pauling (1901-1994)

$$\Delta E(A\text{-}B) = E(A\text{-}B) - \frac{1}{2}\{E(A\text{-}A) + E(B\text{-}B)\}$$

ここで得られた $\Delta E(A\text{-}B)$ に関して，

$$\Delta E(A\text{-}B) = K(\chi_P{}^A - \chi_P{}^B)^2$$

を満たすように，それぞれの電気陰性度として $\chi_P{}^A$ と $\chi_P{}^B$ を原子 A と原子 B について定めたのです。ここの K はよく「適当な係数」のように記してありますが，通常は23を使っていることが多いようです。この数は先のエネルギーの換算表（表5・1）をご覧になればわかるのですが，1 eV molecule^{-1} を 1 kcal mol^{-1}（ポーリングが提案した当時 (1932) は，結合エネルギーは 1 kcal mol^{-1} を単位として測るのが普通でした）に換算するときの係数比です。もちろんこの式では相対的な値しか得られませんので，最初はフッ素に4.0, 酸素に3.5という値を割り付けて，他の元素についてもできるだけ無理のないようにしました。

でも，これでは二原子分子を作る元素だけしか対象になりません。現在では，もっと多種多様な化合物についての結合エネルギーのデータが揃ってきましたので，以前よりも矛盾が小さくなるようにとあらためて計算し直したものが同じように「ポーリングの電気陰性度」と呼ばれています。典型元素についての，現在普通に使われている数値を**表5・2**にまとめておきました。

第 5 章　化学結合

◆ これはイギリスのサイエンスライター J. Emsley がまとめた『The Elements』(3rd ed.) (Oxford University Press, 1998) から抽出して表にまとめたものです。水素が炭素の上に位置しているのは，「価電子殻が半分だけ満たされている」という特徴を重視したためです。

表 5・2　ポーリングの電気陰性度の表（◆）

			H			
			2.20			
Li	Be	B	C	N	O	F
0.98	1.57	2.04	2.55	3.04	3.44	3.98
Na	Mg	Al	Si	P	S	Cl
0.93	1.31	1.61	1.90	2.19	2.58	3.16
K	Ca	Ga	Ge	As	Se	Br
0.82	1.00	1.81	2.01	2.18	2.55	2.96
Rb	Sr	In	Sn	Sb	Te	I
0.82	0.95	1.78	1.96	2.05	2.10	2.66
Cs	Ba	Tl	Pb	Bi	Po	At
0.79	0.90	1.62	2.33	2.02	2.0	2.2
Fr	Ra					
0.7	0.89					

5・4　イオン結合

　もっと電気陰性度の偏りが大きくなると，両方からの結合電子の提供を受けて共有結合を作るよりも，完全にプラスのイオンとマイナスのイオンとなって静電引力で引き合う形の方が安定になってしまいます。これが「**イオン結合**」なのです。典型元素がイオン結合で化合物を作るときには，それぞれのイオンは希ガス構造の電子殻になっていることが多いので，例えば第 1 族元素（アルカリ金属元素）と第 17 属元素（ハロゲン）とがイオン結合で化合物（塩）を作るとするなら，ほとんどが MX タイプの組成になることがわかります（◆）。

◆ ハロゲンはよく X で，金属元素は M で表すことが多いので，このような記載方法にもなじんでおくとよろしいでしょう。

　アルカリ金属元素の原子は，希ガス構造の「コア」の外の価電子殻に s 電子 1 個を余分に持っています。一方のハロゲンの方は，中性原子を見ると同じように希ガス構造のコアの外側には s 電子 2 個，p 電子 5 個という組み合わせで，よそから 1 個電子を獲得すると次の希ガス構造タイプになることがわかります。ですからアルカリ金属が電子を一つ放り出して陽イオンとなり，ハロゲンが電子を一つもらって陰イオンとなったとき，両方の電荷が異符号ですから静電引力で引き合うことで化合物（この場合は塩ですが）が生じてエネルギー的に安定となるのです。つまり最外殻電子の数が 8 となる傾向が強いのです。共有結合の場合にもイオン結合の場合にもこの傾向ははっきりと認められ，よく「**オクテット則**」などと呼ばれます（◆）。オクテットは音楽用語だと八重奏団ですが，8 個一組を意味しているわけで，以前のテキストだと「八隅子理論」などと難しい漢字になっていました。

◆ オクテット則の例

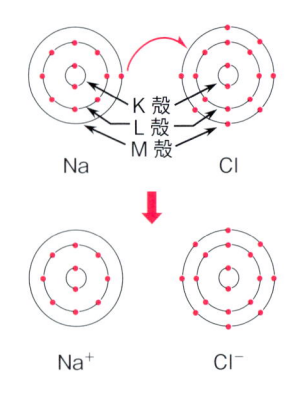

　通常の場合，このような結合生成に関与するのは，原子の一番外部の電子殻に位置している電子，つまり価電子だけです。典型元素の場合に

は，この価電子が8個で満杯となるので，上記のように「オクテット則」が成り立ちやすいのですが，ほかの元素の場合には，条件次第によってもっと内側の電子殻にあるものも結合形成に関与すると考えた方が便利なこともあります。遷移元素の有機金属化合物などの場合には，d電子も結合形成に関与すると考えられ，この場合には典型元素のオクテットではなくて，「18電子則」が満足されると安定な構造の化学種が出来やすい傾向があります。

5.5 水素結合

電気陰性度の大きい元素の原子は，ほかの原子と共有結合を作ったあとでも，分極した結果，まだ余分の負電荷を帯びていると考えられます。この近くに，逆に分極した（裸に近い）水素原子がやってくるとこの間に静電引力が作用するわけで，弱い結合が生じます。これが「**水素結合**」(◆)なのですが，この結合のエネルギーは上の共有結合やイオン結合に比べると小さいので，温度を上げると切れてしまいます。

◆ 水素結合

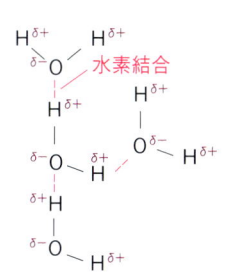

有機化合物や生体分子の場合にはこの水素結合は重要な役割を果たしていて，DNAの二重螺旋を構築したり，蛋白質のヘリックス構造やシート構造を形成したりするのに重要な役割を持っています。ほぼ同じ分子量のメタン，アンモニア，水，フッ化水素の沸点を比較したとき，沸点の大きな違いがあるのはこの水素結合のためです。

章末問題

5.1 下記の化合物を作っている化学結合は，等極性の共有結合（非極性結合），分極した共有結合（極性結合），イオン結合のうちのどれでしょうか？

HCl, N_2, KCl, SO_2, KBr, I_2, NaF

5.2 下記の原子から生じる典型的なイオンはそれぞれどのようなものですか？

N, S, Cl, Ba, Al, Sr, Cs

5.3 水は優れた極性溶媒で，イオン結合でできた結晶性の化合物（つまり塩）のほとんどをよく溶かすことができます。一方，有機化合物の中には水に溶けやすいものと溶けにくいものとがあるのですが，これは水分子のどのような性質に基づくものでしょうか。

5.4 次の原子やイオンはみな同一数の電子を持っていて，電子配置も同じであります。これらのサイズが大きいものから順に並べてごらんなさい。

Ar, S^{2-}, K^+, Ca^{2+}, Cl^-, Sc^{3+}

5.5 有名なDNAの二重螺旋構造の形成には水素結合が重要な役割を果たしています。四種類の核酸塩基が存在しているのですが，これがアデニン-チミン，グアニン-シトシンの組み合わせしか取り得ないのはなぜなのでしょう？

5.6 希ガス（貴ガス）元素の化合物は原子番号の大きなメンバーでしか得られません。なぜでしょうか？

第 6 章 物質の三態

本章のポイント

水の状態変化／ギブスの相律／気体の体積・圧力・温度の関係（ボイル-シャルルの法則）／二酸化炭素の状態変化

6.1 水の状態変化

　宮城道雄検校の傑作として，いまでもしばしば演奏される箏曲の『水の変態』は，もともと高等小学校の教科書にあった和歌七首（大和田建樹作といわれています）をもとに作曲されたもので，「霧」「雲」「雨」「雪」「霰」「露」「霜」が題材となっています。液体の水と固体の水の様々な姿が見事に描写されていますが，気体の水（水蒸気）だけは含まれていないのが残念ではあります。作曲者自身による演奏は（www.nico-video.jp/watch/sm16345273）で聞くことが可能です。

　われわれの住む地球の表面には，水が三通りの状態（**気体**，**液体**，**固体**）で存在しているという，宇宙の中でもかなり珍しい環境に属しています。このそれぞれの状態を総称してよく「**三態**」といいます。宇宙生物学の研究者には，この水の三態が存在出来るような条件が，地球型の生命体の発生，進化に不可欠なのであるという説を主張される方々が多いようです。

　なお専門の学者の中には，「このほかに第四番目の状態を考えるべきだ」と言われる方々も少なくないのですが，この第四番目の状態が何を指すかは，大権威それぞれに主張があるようで，「コロイド」だとか，「表面」，「プラズマ」などが候補に挙がっています。でもとりあえずそ

のような難しいことは別にして，身近で基本となるところから話を始めることにしましょう。

　どのような物質でも，温度を下げて行くと，いずれは固体となり，逆に温度を上げると気体になります。その中途で液体になるのが普通ですが，中には固体から直接気体へと変化するものもあります。このような様々な変化を「相変化」といいます。この場合には「気相」「液相」「固相」のように呼ぶ方が普通です。中には構造の異なる固体が生じる場合もあり，この場合には固体間の相変化も起きます。液体ヘリウムなどは異なった性質の液相が存在し，液体間の相変化も起こるのです。

　このような変化を表す言葉を図示すると図 6・1 のようになります。ここで気体から固体への変化を示す「凝華」という言葉はやや目慣れないかも知れませんが，もともとは盛唐の大詩人の一人であった岑参（しんじん）(715-770) の有名な詩にある由緒ある言葉で，「気（＝水蒸気）が凝りて霜の結晶（＝華）となる」ことを表現しています。通常は「昇華」の中に両方を含めていますが，昇華は本来固体から気体への変化を示す言葉なのだそうで，二つの過程を区別することが必要なときはこちらを使うのがふさわしいでしょう。

　物質系が相変化を起こすときには，そのときの条件に対してある制限が存在することが熱力学の方からわかっています。これは「ギブスの相律」と呼ばれるものですが，単に「相律」と呼ばれることも多いのです。式で表すと

$$F = C - P + 2$$

となります。ここで F は自由度，C は成分の数，P は相の数を示します。この「自由度」とはわれわれが任意に設定できる条件の数で，例えば温度と圧力（これで二つ）です。

　単一の物質の液体と気体の両相が共存すると，成分数が 1，相の数が 2 ですから，上の式に代入すると $F=1$ となることがわかります。つまり気化（蒸発）や液化（凝縮）の条件は，圧力を任意に設定すると温度も決まってしまうことになります。われわれがよく目にすることですが，氷（固相の水）に熱を加えるとゆっくりと温度が上がって行きますが，**融点**に達すると液体の水が生じて昇温がとまります。つまりこの条件では相の数が二つになったため，温度は一定（つまり融点）になります。全部氷が溶けてしまって液体の水になると，相の数が 1 になるので加温すると温度が上がって行きます。やがて液体の水と固体の水の両相が平衡に存在出来る状態になると再び自由度が 1 になるので，一定温度（つまり**沸点**）になります。この状況を大ざっぱに示したのが図 6・2 です。

　融点や沸点においては，熱エネルギーを加えても温度が上がりませ

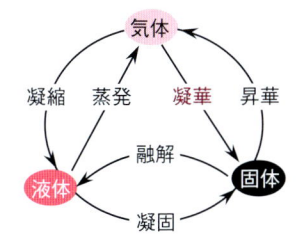

図 6・1　三態間の変化

第6章 物質の三態

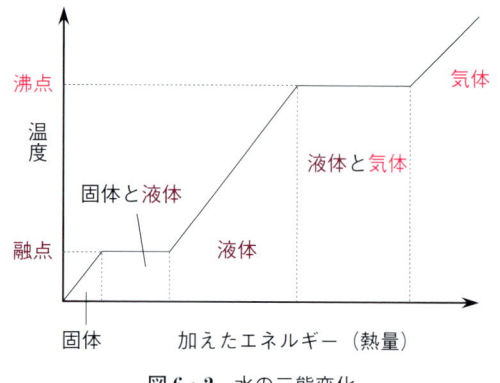

図6・2 水の三態変化

ん。つまり相変化に必要なエネルギーとなっているのです。この場合の熱を「潜熱」といいます。吸収されてもどこかに潜ってしまうと感じられたからの名称でしょう。

水の場合に，固体の水（氷），液体の水，気体の水（水蒸気）が平衡に存在する条件を考えると，相の数（P）が3，成分の数（C）が1ですから，自由度Fの値はゼロになってしまいます。つまりわれわれは勝手に条件を選ぶことが出来ません。この条件はよく「**水の三重点**」と呼ばれますが，温度（273.16 K（0.01 ℃）），圧力（611.73 Pa（0.006 気圧））ともに定まった値となり（図6・3参照），これが熱力学的温度（ケルヴィン温度），ひいては摂氏温度の基礎尺度を定めるのに使われています。

6・2 気体の体積と圧力と温度の関係

1・3節でも取り上げた**ボイル-シャルルの法則**は，他所でも何度か目にしたことがあるだろうと思います。気体の圧力をp，体積をV，温度（絶対温度）をTで表すと，

$$pV = nRT$$

のような簡単な式で相互の関係が表せるのです。ここでnは気体のモル数，Rは気体定数を意味します。よく用いられる標準状態（1気圧，摂氏0度（つまり273.15 K））での1モルの気体の体積は22.4142リットルであることから，Rの値を計算で求めることが出来ます。この計算は対数計算の好例なので詳しいステップは1・3節を参照していただきたいのですが，通常の化学の計算でよく使う単位であるリットルと気圧を用いて表現すると

$$R = 0.08205 \text{ L atm mol}^{-1} \text{ K}^{-1}$$

のようになります。物理学や物理化学でよく使われるSI単位に換算すると，圧力はパスカル，体積は立方メートルを使うことになりますが，

パスカルはニュートン毎平方メートルなので，リットル・気圧のところはニュートン・メートル，つまりエネルギーの単位であるジュールに置き換えることが出来ます．換算に必要な数値（1 atm = 1.01325 × 10^5 Pa，1 L = 10^{-3} m^3）を入れると

$$R = 8.314 \text{ J mol}^{-1}\text{ K}^{-1}$$

つまり，pV（◆）はエネルギーと同じディメンション（次元）なのです．

　ただ，実際の気体にこれを杓子定規に適用すると，変な結果が出てきます．等圧条件（p = constant）だと，気体の体積は絶対温度に比例するはずで，絶対0度だと体積はゼロになってしまいます．実際の気体はその前に液体になったり固体になったりしますので，この式からのズレが無視できなくなってしまいます．そこで厳密にボイル–シャルルの法則に従う気体のことを「**理想気体**（ideal gas）」と呼んでいます．実際の気体は，低圧，高温の条件であればほとんどの場合，理想気体の式で表せる挙動をとるのですが，高圧，低温の条件ではこのズレが無視できなくなって，液化や固化が見られます．これには当然，気体ごとに限界があるわけで，この条件を「**臨界点**（critical point）」と呼んでいます．この臨界点は物質ごとに異なりますが，例えば水や二酸化炭素，ヘリウムなどの場合には**表6・1**のようになっています．

　実際の気体の場合，臨界温度と実験温度との比が大きければ，理想気体として近似しても誤差は無視できるほど小さくなりますし，臨界圧力に比べて実験条件の方がずっと低い圧力であればなおさらです．つまり「高温・低圧」条件であればいいので，この理想気体の状態方程式の使える範囲は結構広いのです．水素やヘリウムなどを室温で扱う場合がこれに当たります．ただ，沸点や昇華点に近い温度の場合にはズレが結構大きくなります．水が気体の形（水蒸気）として安定に存在できるのは沸点より高い温度ですから，受験化学でお馴染みの常温常圧条件では，理想気体として扱うのは極めて困難であることはおわかりいただけるでしょう．水の臨界温度は表6・1にもあるようにおよそ 647 K（374 ℃），

◆ 化学工学の方ではこの積を「フローエネルギー」と呼ぶことが多いのですが，物理化学コチコチの先生方はお嫌いのようです．でも便利な言葉ですから覚えておいて損はないでしょう．

表6・1　臨界条件の表

物質名	臨界温度（℃）	臨界温度（K）	臨界圧（気圧）
ヘリウム	−267.9	5.25	2.26
水素	−239.9	33.25	12.8
窒素	−149.1	124.05	33.5
酸素	−118	155.15	49.7
二酸化炭素	31.1	304.25	73
プロパン	97.0	370.15	41.8
アンモニア	132.4	405.55	112
水	374.2	647.35	218.3

第6章 物質の三態

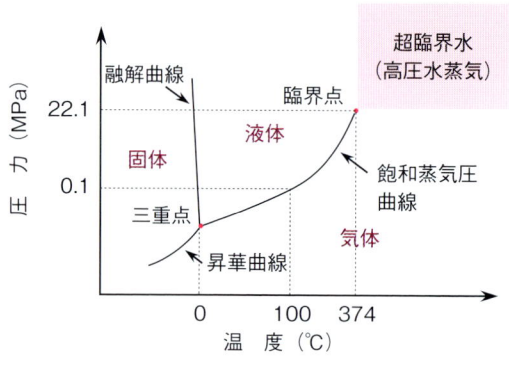

図6・3 水の三態変化

臨界圧力は22.064 MPa（218気圧）ですから，高圧装置でもないと普通にはなかなかこの条件にすることはできないぐらいです。その昔の蒸気機関の設計などでは，理想気体とはほど遠い水蒸気の扱いにエンジニアはずいぶん苦労させられました。例えば標準状態でのモル体積なども，摂氏零度（273.15 K）より沸点がわずかだけ低いアンモニアや二酸化硫黄などではかなり（といっても数パーセントですが）のズレがあります。でもこのぐらいのズレが無視出来る場合のほうが現実ではずっと多いので，まずはボイル-シャルルの法則を使って大ざっぱな見積もりをすることで用が足りる場合が大部分なのです。

　圧力を掛けたままの液体をこの臨界温度よりも高い温度に加熱すると，当然ながら気体になるわけですが，ここで生じる気体はよく「超臨界流体」などと呼ばれます。これは気体としての性質と液体としての性質を兼ね備えた奇妙な挙動をします。液体なら入り込めないような他の物体の内部に気体同様にしみこんで，いろいろな成分を溶かし出す能力が発揮されたりします（◆）。

　ドライアイスは別名を「固体炭酸」などということもありますが，二酸化炭素の固体です。室温に放置すると表面から気化して二酸化炭素の

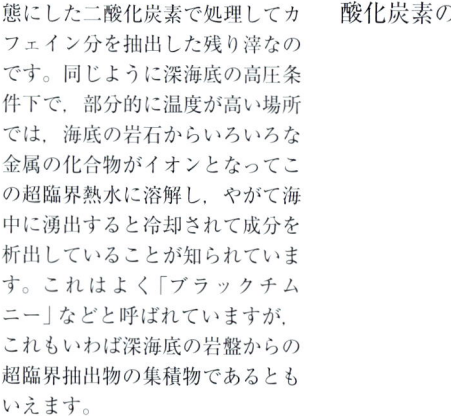

◆ キッチンなどでお馴染みの「カフェイン抜きのコーヒー」などは，コーヒー豆をこの超臨界状態にした二酸化炭素で処理してカフェイン分を抽出した残り滓なのです。同じように深海底の高圧条件下で，部分的に温度が高い場所では，海底の岩石からいろいろな金属の化合物がイオンとなってこの超臨界熱水に溶解し，やがて海中に湧出すると冷却されて成分を析出していることが知られています。これはよく「ブラックチムニー」などと呼ばれていますが，これもいわば深海底の岩盤からの超臨界抽出物の集積物であるともいえます。

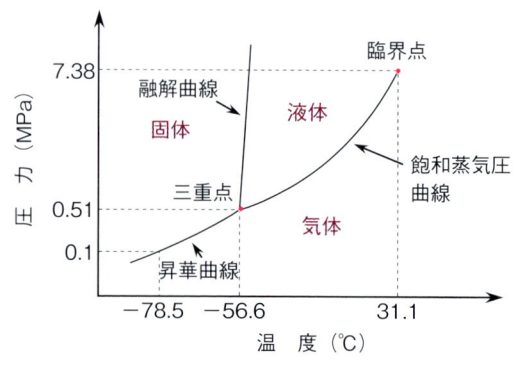

図6・4 二酸化炭素の三態変化

気体が生じてどんどん小さくなりますが、このときに融解して液体を生じることはありません。つまり「昇華性」の固体なのです。これは二酸化炭素の臨界条件（表6・1参照）よりも通常の気圧が低いために、気体から直接固体へ、また固体からすぐに気体へと変化することを意味しています。分子性の結晶の場合には、分子間の引力は分子内の化学結合に比べると格段に弱いので、加熱する（つまり熱エネルギーを加える）と、固体は比較的低い温度で液体になり、また液体も容易に気体になってしまいます（図6・4参照）。有機化合物などではこの例が多いのですが、中には樟脳（◆）やナフタリンのように「昇華」して直接気体になるものも少なくありません。これは無機化合物でも事情は同じで、二酸化炭素やヨウ素の結晶は、容易に昇華する性質をもっています。つまり同じように分子間に働く力が弱いのです。

◆ 香料にはほかにも「竜脳」や「薄荷脳」のように「脳」が接尾語になっている名称が少なくないのですが、これはもともと「昇華させて得られる固体」という意味なのだそうです。何でもカタカナ書きだけにしてしまうと、大事な情報が消えてしまうのです。

章末問題

6.1 地球上にある大陸氷（南極やグリーンランドにある氷河など）の総体積は $32.4\ \text{km}^3$ であるといわれます。もし温室効果が暴走してこの氷が全部融解するとしたら、どのぐらいの熱エネルギーが必要となるでしょうか？

6.2 プロパンやアンモニアのボンベを一杯に充填したときの圧力は通常120気圧程度です。これらのボンベの中ではどちらの化合物も液体の形で存在しているという（もちろん室温で）のですが、本当でしょうか、それとも間違いなのか。理由を付して答えてください。

6.3 酷暑のインドでは、薄い素焼き製の容器に水を入れて放置するだけで氷を作ることが可能だというのですが、なぜでしょう？

6.4 蔵王や八甲田山などの東北地方の高山で冬季にみられる樹氷は、樹木の風上側に成長するのですが、どうしてでしょう？

6.5 海水は0℃では凍らないのですが、オホーツク海などでの冬から春先にかけての名物となっている流氷はどうしてできるのでしょう？

6.6 その昔、高級な衣裳用の箪笥の材料として、桐よりもクスノキが珍重されました。丈夫だが重いので現在ではあまり見ることもなくなりましたが、これにはどのような長所があったと考えられますか。

第7章 分子構造とスペクトル

本章のポイント

元素固有のスペクトル／分光分析法の発展

7.1 分子を観測する

　原子や分子，イオンなどはそれぞれに特定のエネルギーの電磁波の吸収，放出を行う性質があります。これは，このような「**化学種**」ごとにいろいろなエネルギー準位が存在して，その間でのエネルギーの出入りがわれわれに電磁波の形で観測可能となっているからなのです。

　もともと「**スペクトル**（spectrum）」という単語は，ニュートン（♣）が，太陽光線をプリズムに通したときに七色の虹のような帯が現れることから，幻や幽霊を意味する「spectre」をもとに作ったとされています。これは連続したスペクトルでしたが，その後，プリズムやレンズ，回折格子などの精度が上がってくると，波長の分解能が向上してきて，もっと細い輝線や暗線のスペクトルも観測出来るようになりました。太陽光線のスペクトルも，ニュートンが観察した時代では連続した七色の光の帯でしたが，ドイツのフラウンホーファー（♣）が優秀なプリズムを自分で作って観測したところ，このなかに500本以上もの暗い線があることがわかり，この中で太い線にアルファベットをつけて整理しました。もちろん，その時代にはまだその原因の究明にまでは至りませんでした。やがて，原子構造のところで触れた，水素の可視部のスペクトルの何本かが，このフラウンホーファーの暗線と一致することがわかりました。また，ある種の塩類を炎の中に入れたときに発する光も，このフラウンホーファーの暗線に重なることもわかってきました。

　これを元素の分析に使えるのではと考えたのは，ハイデルベルク大学のブンゼン（♣）とキルヒホッフ（♣）の二人です。ブンゼンは，当時のハイデルベルクの町で，都市ガスがようやく大学の化学教室でも照明用として使えるようになったので（◆），これを燃焼させるときに，バーナーの基部に窓を開けて可動のスリーブをかぶせ，混合する空気の量を加減することでほとんど無色の炎（つまり完全燃焼で高温になる）を作ることに成功しました（1855）。これがご存じの「ブンゼンバーナー」

♣ ニュートン I.Newton (1643-1727)

♣ フラウンホーファー J.Fraunhofer (1787-1826)

♣ ブンゼン R.W.Bunsen (1811-1899)

♣ キルヒホッフ G.R.Kirchhoff (1824-1887)

◆ もちろん十九世紀のドイツですから石炭ガスです。天然ガスや石油などの利用はもっとあとからです。

7・1 分子を観測する

図7・1 ブンゼンバーナー（本来のもの）

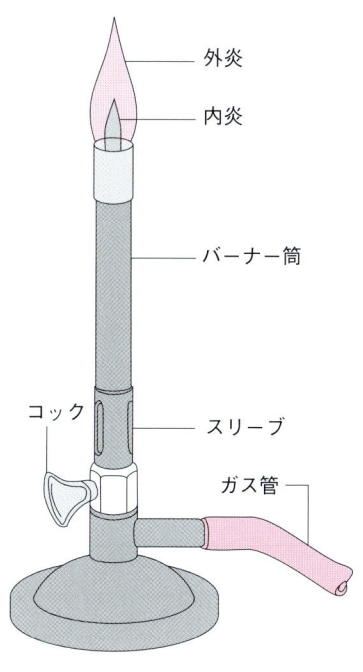

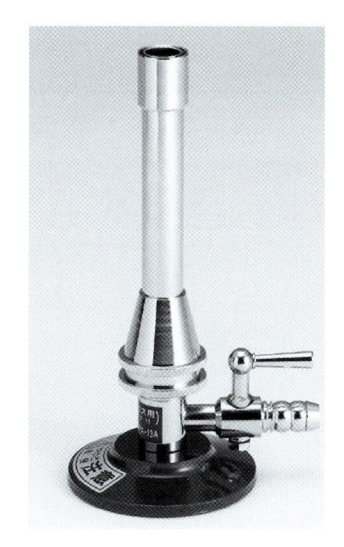

図7・2 テクルバーナー（現在普通にブンゼンバーナーと呼ばれているもの；(株) 三商webカタログより）

（図7・1）です．現在の実験室などで普通に使用されているものは，二重ネジを使うように改良された形のテクルバーナー（図7・2）ですが，同じようにブンゼンバーナーと呼ばれています．

　ブンゼンとキルヒホッフは，この無色の炎の中にいろいろな無機塩類を入れたときに，元素ごとにそれぞれ異なった色調を呈することを発見しました．つまり「**炎色反応**」による分析が可能となったのです．キルヒホッフは物理学者だったので，当時ようやく実用化されたプリズムによる光線の分散測定と，輝線の波長の実測を併用してみたらと提案し，二人で分光計を作って，実際にいろいろな塩類が高温にしたときに発する光のスペクトルを測定することを始めたのです．これが「**分光分析**」の創始でありました．

コラム

テクルバーナー

　普通にはブンゼンバーナーと呼ばれているテクルバーナーは，基部の孔とスリーブの代わりに二重のネジが切ってあるもので，燃料ガス流量と空気量を別々にコントロール出来るようになっています．

　テクル (N. Teclu, 1839-1916) はオーストリア・ハンガリー帝国のクロンシュタット（現在はルーマニア領でブラショフと呼ばれています）に生まれ，ウィーンの工科大学で学び，一時期ミュンヘンの美術専門学校に奉職した後母校に戻って教授となりました．テクルバーナーは彼が1892年に初めて報告したものです．

第 7 章　分子構造とスペクトル

　当時のプリズムは，ミュンヘン大学の物理学の教授であった前記のフラウンホーファーが自分で製作したものが最も性能の優れたものとして知られていましたが，著しく高価であったため，ハイデルベルク大学でも予算がなくて購入できなかったので，ガラスで作った三角柱状の容器に二硫化炭素（普通にある液体の有機化合物では最も屈折率が大きいものです）を満たして使ったといわれています。大変に火を引きやすい有機溶媒ですから，安全に測定を行うのはいろいろと困難をともなっただろうと思いますが，実験の巧手であったブンゼンの手にかかれば，さして問題とはならなかったのかも知れません。

　その結果は驚くべきものでありました。いろいろな元素特有のスペクトルが判明してくると，やがて既知の元素のスペクトルの集大成（今日風にいえばデータベース）ができることになります。この中に含まれない新しいスペクトル線が観測されれば，それは新元素を発見したことになるでしょう。ブンゼンとキルヒホッフは，ハイデルベルクの近郊にある鉱泉の水を試料としてスペクトルを測定したところ，この中に今までに観測されなかったスペクトル線があることを発見し，これが青色のスペクトル線を放出するものと，赤色のスペクトル線を放出するものの二種類あることから，二種類の新元素であることを報告しました。つまりセシウムとルビジウムだったのです（◆）。

◆ ちょうどこの頃，ロシアからの国費留学生としてハイデルベルク大学のブンゼンの所に留学中だったのがメンデレーエフ（D.I. Mendeleev, 1834-1907）でした。彼が帰国後周期表を組み上げるにあたって，以前からの元素の三つ組み（デーベライナーの三つ子などと呼ばれていました）よりも，この恩師の新発見元素を組み込んで，五つの周期の存在を推定したことで，見事な成功を収めたといわれています。

7.2 「分光分析法」の発展

　この新しい分析法は当時の化学界に大ショックを与えたようで，以後いろいろな試料についての分光分析が盛んとなり，これによって発見された新元素の数も急激に増加しました。インジウムやガリウムやタリウムなどがその中でも有名ですが，中には当時の実験条件では致し方なかった間違いもありました。オーロラや太陽コロナ，彩層，星雲などのスペクトルから，これこそ新元素かも知れないとして命名された「オーロリウム」，「コロニウム」，「ヘリウム」，「ネブリウム」などは，その後の研究の進展につれて，酸素や窒素などありふれた元素が，極めて希薄な条件下で高いエネルギーに励起された結果生じる光であることが判明したのです。ヘリウムだけはその後に地球上でも観測されて，本当に新元素であることが証明されました。

　2012年に宇宙ステーションからの中継で，古川聡宇宙飛行士が撮影した「宇宙からのオーロラ」という感動的な画像がTVで流れたことがあります（◆）。

　鮮やかな緑色の帯が，夜の暗い地球の表面を生き物のように動いてい

◆ この画像が見られるウェブサイトは
　http://vimeo.com/32001208
ですから，可能ならアクセスしてみてください。

る様は実に印象的でありました。この緑色の光は，希薄な状態にある酸素原子が，宇宙線によって高いエネルギーを得たときに生じる「一重項酸素」（◆）が放出する波長 557 nm（波数にすると 1.80×10^4 cm^{-1}）の光です。このときのオーロラにはこのほかに赤色の光も見られましたが，これはこの緑色の光の放出後，さらに基底状態の酸素原子（三重項酸素）に遷移するときに放出するもっと長波長（630 nm）の光です。これらがその昔「オーロリウム」だとされた光の元ですが，ブンゼンやキルヒホッフ，クルックス（♣）などが活躍していた十九世紀には，地球上ではこのスペクトルを観測出来るほどの低圧条件を達成することはまだ出来ませんでした。

遷移金属のイオンのうちには，いろいろと多彩に着色したものが存在します。これも主に可視部や近紫外線領域に吸収を示しますが，希土類元素のイオンなどでは近赤外部に吸収，発光するものもあり，これらはレーザー光源として利用されることもあります。

水素イオン濃度指示薬（pH 指示薬）や金属指示薬などは，条件によって色調が大きく変化することを利用しているのですが，これらの場合には金属イオンの持つ吸収スペクトルよりもずっと濃い色調のものが選ばれます。だから，pH 指示薬などほんの 1 滴を添加するだけで十分なのです。分子構造の変化によって吸収のピークが大きく移動することを利用しています。

原子やイオンの放出，吸収する光は，主に可視光線から紫外線に当たる波長領域のものですが，これが分子や多原子イオンになると，化学結合の伸縮，偏角などによる振動由来のエネルギーの吸収，放出が見られるようになります。

身近にある水の分子は三原子分子で三角形をなしていますから，3 本の振動モードがあります。これについては「ウィキペディア」にある「水の青」（ja.wikipedia.org/wiki/ 水の青）という項目をご参照になれば，実際に水分子の動く様子が動画で表現されていますので，下手なイラストよりはよくおわかりいただけると存じます。この三種類の振動はそれぞれ，対称伸縮振動，非対称伸縮振動，変角振動と呼ばれますが，この三本のスペクトルは「**基準振動**」と呼ばれるものです。

水にかぎりませんが，分子の数が大きくなると，ハーモニックス（高調波）の強度も大きくなります。ですから液体や固体の分子スペクトルは，気体状態にある場合よりもずっと幅も広く複雑になります。

例えば，深い水は青い色をしています。これは太陽光線（白色光と見なせますが）のうち，長波長（赤色を帯びた部分）に大きな吸収があるため，われわれの目には青色の部分の光線だけが届くからなのです。こ

◆ この「一重項」とか「三重項」というのはスペクトルの方での用語なので，詳しいことは物理学（分光学）の参考書をご覧ください。

♣ クルックス W.Crookes (1832–1919)

のハーモニックスの強度は，凝縮相の場合には大問題で，近赤外線領域のレーザーを光ファイバーに通す場合など，途中で減衰してしまったら何にもなりません。そのためにファイバーの材質とレーザーの波長との選定には大変な苦労があり，現在でも新材料の開発が熱心に行われています。

水蒸気や二酸化炭素，メタンなどの赤外吸収は，天文観測や地球環境にも大きな影響を及ぼすものです。これらはまだ簡単な分子ですから，観測されるスペクトル線もそれほど多くありません。

分子の構成原子数と，振動，変角スペクトルの本数との間には，原子数を N としたとき $3N-6$ 本（直線状分子の場合には $3N-5$ 本）のスペクトルが現れることが理論的にわかっています。したがって，二原子分子ならば1本だけ，水のような三原子分子だと3本，二酸化炭素は三原子ですが直線状分子なので4本の振動・変角スペクトルが現れます。

多原子分子になると赤外線吸収スペクトルは数も多くなり，特定の化学結合に由来する「官能基スペクトル」も見られるようになります。赤外吸収が分子の構造推定や同定に広く用いられるのは，この性質を利用しているのです。

なお，ラマンスペクトルも同じように分子の振動・回転に由来するものですが，対称性の高い分子の場合，赤外線吸収を示す振動はラマンスペクトルを示さず，逆にラマンスペクトルを示す振動は赤外部に吸収をもたないという，いわゆる「交互禁制律」が成立します。ですから対称二原子分子である酸素（O_2）や窒素（N_2）は，伸縮振動のスペクトルが一本だけしかないのですが，これは赤外吸収を示さないのに，ラマンスペクトルには明瞭なスペクトルとして観測することが出来ます。このあたりのもっと詳しいことは物理化学（構造化学）のテキストをご覧になってください。

コラム

テラヘルツ波分光

最近話題の「テラヘルツ（THz）波分光」は，普通の赤外線分光に使われる領域よりももう少し低波数（ここでいわれるテラヘルツ波は，普通には周波数にして $0.3 \sim 3$ THz のものを指し，波数に換算すると $10 \sim 100$ cm^{-1} 程度の周波数帯域をいうようです。もう少し広く，$0.3 \sim 300$ cm^{-1} ぐらいまでとすることもあります）の領域の電磁パルスを利用するものなので，分子自体にはあまり吸収されませんから，逆に透過性が大きいということになりますが，もっとゆっくり動く高分子や結晶格子，不均質な固体の構造などの研究に好適な分野です。優れたパルス発生機器や検出器が開発されたために，今までの分光学では後回しになっていた電磁波の領域がようやく研究・測定の対象となってきたのです。生体組織の診断への利用とか，郵便物中に封入された爆発物などの検知など，いろいろな応用面が考えられています。

> **コラム**
>
> **地球温暖化の真の原因は？**
>
> 　昨今，地球温暖化というのがここ何十年か世界的な問題となっていて，その元兇が人類による二酸化炭素の排出の結果の温室効果であるという主張を展開する学者先生が世界各地に出現しました．でも，地球大気を温室効果で温めている主体は実は水蒸気なのです．
>
> 　最近の古気候学の研究では，太古代において，温暖化とは反対の，地球全表面が氷で覆われた「スノーボールアース」現象が何度か起きたのではないかと考えられています．雪や氷は太陽光線を反射しますし，低温だと大気中の水蒸気圧は著しく低くなってしまうので，大気温度は下がりっぱなし，つまり先ほどの「温室効果」が逆方向に暴走したことにあたります．これがどのようにして現在と同じような状態に復元されたかについては，火山活動や地殻変動などいろいろな原因が考えられていますが，まだよくわからないところが多いのです．ただ，これほど厳しい条件下でも，原始的な生命体は生き残っていたらしく，環境条件が好転するとたちまちに水蒸気や二酸化炭素を大気中に補給することで気温が上昇し，もとの条件に復元するというサイクルが繰り返されたと考えられています．

章末問題

7.1 電子レンジではマイクロ波を照射して，食品中の水分子にエネルギーを与えることで加熱を行っています．ところが，冷凍食品などでカチカチに凍ったものは，レンジで加熱しても温まらないことがあります．なぜでしょうか．

7.2 地球温暖化に対しては，二酸化炭素よりもメタンの方が大問題だという議論が最近増えてきました．どのような理由が考えられるでしょうか．

7.3 二十数年以前，ペットボトルを回収してプラスチックフィルムを作り，これをトマトなどを栽培する農家のフレームハウス用に売り込もうとした企業がありました．見事に失敗してしまったのですが，原因は何だったのでしょう？

7.4 「大気の窓」という言葉が，通信工学や電波天文学の領域でよく用いられています．つまりこの領域では電波や光の吸収がほとんどないので，地球の外部からの電磁波が効率よく地表に届くのです（人工衛星との交信もこの波長領域を利用しているのです）．これらの電磁波の吸収原因となるのはどのような分子なのでしょうか．

7.5 最近話題になっているテラヘルツ波は，いろいろな試料の内部検査に用いられるといわれますが，通常の赤外線よりも試料に対する透過力が大きいのです．なぜ吸収による減衰が少ないのでしょうか．

7.6 低圧水銀燈は，波長 254 nm の輝線スペクトルを主に発生する光源なのですが，この管壁は通常のガラスではだめで，透明石英ガラス製のものが必要です（だから高価です）．なぜ普通のガラスではダメなのでしょうか？

第 8 章 酸と塩基・化学平衡

本章のポイント

酸とアルカリ（塩基）／アレニウスの定義／ブレンステッドの定義／pH（ペーハー）／緩衝作用・緩衝溶液／化学平衡・平衡定数／錯形成

8.1 酸とアルカリ（塩基）

　小学校のころからお馴染みの「**酸**」と「**アルカリ**」は，諸兄姉の周囲の環境が広くなるにつれて，もっと厳密，かつ応用範囲の広い定義を必要とするようになってきています。もちろん時と場合によっては，狭い定義だけで十分なこともあるのですが。

　もともと「酸」という言葉（英語なら「acid」）は，文字通り「酸っぱいもの」を意味するものでした。小学校で学習する「酸」はほぼこの定義通りです。「舐めてみると酸っぱくて，青色リトマス紙を赤く変色させるもの」のように教わったと思います。「酸素」という言葉も，もともとはこのような酸を作るための源ということから名付けられたのです。

　これに対するものとして「アルカリ」が出てきて，こちらは「手につけるとヌルヌルして，赤色リトマスを青色に変色させるもの」となっていました。これはいってみれば人間の五感（味覚や触覚，視覚）を活用して物質を分類したことになるのですが，化学の進歩につれて，もっと厳密な定義が必要となってきました。それに，リトマス紙の変色を示さないような酸もありますし，アルカリとしての性質をはっきりと示さないものでも酸と反応して塩を作るものがたくさんあります。このようなものは「**塩基**」，つまり「塩類のもと」と呼ばれるようになりました。英語なら「base」です。アルカリよりも塩基の方が広い意味となります。

8.2 「酸」と「塩基」の定義

　酸の酸っぱさやアルカリのヌルヌル感は，それぞれ水素のイオン（H^+）と水酸化物イオン（OH^-）が原因だと判明したのがいまから百数十年ほど前のことですが，これを最初に整理したのはスウェーデンのアレニウス（♣）だったので，「**アレニウスの酸と塩基**」の定義を紹介しておきましょう。これに従うと

♣ アレニウス S. Arrhenius (1859-1927)

「酸（acid）：水に溶けて解離し，水素イオン H^+ を出すもの」
「塩基（base）：水に溶けて解離し，水酸化物イオン OH^- を出すもの」

水溶液だけを扱っている限り，この定義は極めてよく出来た分類だといえます。酸と塩基の反応，つまり中和反応では

$$H^+ + OH^- \longrightarrow H_2O$$

という反応が起きて水が出来ます。これは酸や塩基の種類にはよらないわけで，残ったイオンは水を除いてしまうと塩となって分離して来ます。多くは結晶になるわけで，よく受験時代に「塩酸とカセイ（苛性）ソーダ（つまり水酸化ナトリウム）の中和反応で食塩が出来る」などと覚え込まされるそうですが，実はこの中和反応で出来るものはまず第一に重要なのが水分子で，これを蒸発操作などで取り除くと，それまでバラバラに溶液中を泳いでいたナトリウムイオンと塩化物イオンが静電引力の結果集まって塩化ナトリウム結晶となるのです。ですから，塩酸と水酸化ナトリウムの反応でも，硫酸とアンモニア水の反応でも，水溶液中で起きている反応は同じで，水を全部除いてしまったあとに残る塩の種類が違ってくるだけなのです。

ただ，このアレニウスの酸と塩基の定義では不便な場合も次第に増えてきました。これは化学で扱える分野がそれだけ広くなったということでもあるのですが，水溶液にならない固体のままの酸や塩基，あるいは気体同士の反応でも同じように塩が生じる「中和反応」も同じように扱いたいし，水以外の液体に溶かした溶液も同じように取り扱えると便利ということになって，もっと拡張した酸と塩基の定義が提案されました。これはデンマークのブレンステッド（♣）と，英国のローリー（♣）が独立に考案したもので，「**ブレンステッド-ローリーの定義**」，あるいは短く「ブレンステッドの定義」と呼ばれるものです。これに従うと

「酸とは，プロトン（H^+）を他に与えるもの（プロトンドナー）」
「塩基とは，プロトンを受け入れるもの（プロトンアクセプター）」

となります。

無機・分析化学で「プロトン」というのは水素イオン（H_3O^+のような溶媒和したイオンをも含む）を意味します。物理学では水素の原子核を，有機化学では化合物中の水素原子を意味するものとして使われるので，混同しないようにしてください。

通常の化学に関連した分野で，何の断りもなしに「酸」とか「塩基」という言葉が出てきたときには，このブレンステッドの定義によるものだとお考えください。話を水溶液に限った場合（生化学や臨床分野などは特に）では，アルカリ性と塩基性は特に区別されることはありませんが，非水溶媒系や固相を含む場合には「アルカリ性」よりも「塩基性」を

♣ ブレンステッド
J.N.Brønsted (1879-1947)

♣ ローリー M.Lowry
(1874-1936)

第8章 酸と塩基・化学平衡

♣ ルイス G.N.Lewis
(1875-1946)

使う方が正確となります。

このほかの「酸・塩基」の定義としては，ルイス（♣）の酸・塩基の定義（電子対の授受による），ウサノヴィッチの定義（電子の授受，つまり酸化還元反応まで含める），ルックス・フロートの定義（酸素のイオン（O^{2-}）の授受によっての分類）などがあります。ルイスの酸・塩基についてはあとの配位結合のところ（66頁）であらためて説明しますが，ほかの二つはかなり特殊な分野だけでの使用に限られるので，本書では名前だけの紹介に留めておきましょう。

8.3 pH

水素イオンが酸の作用の本体であることがわかってくると，この濃度を表現するための便利な尺度が必要となります。この重要性が最初に認識されたのは醸造学の分野でありました。ビール酵母の生育条件をコントロールするには，実際にこれは大問題であったのです。デンマークのカールスベリ醸造研究所のセーレンセン（♣，◆）が，この際に培養液中の無機酸の濃度の余対数（対数の符号を変えたもの）を目安とすることで，再現性よく培養条件を設定できることを見出し，この「酸濃度の余対数」を「**pH**」という略記号で表すことを提唱しました（1909）。

♣ セーレンセン
S.P.L.Sørensen (1868-1939)
◆ 本当のデンマーク語の発音は大変難しくて，正確にカタカナにするのは困難らしいですが，普通にはこれで通用しています。

つまり，pH ＝ $-\log[H^+]$ としたのです。最初は無機酸（強酸）の分析濃度だったのですが，後に水素イオン濃度を指すようになり，やがて熱力学の進歩に伴って「水素イオンの活量濃度（熱力学的濃度）の余対数」ということに改められました。ただ，諸兄姉が普通に扱っているpHの範囲（1～14）では，熱力学的濃度と分析濃度の違いはずいぶん小さいので，昔風の使い方で十分なのです（◆）。

◆ 普通に扱っている濃度の範囲では，熱力学的濃度（活量濃度）と分析濃度の比（これは活量係数と呼ばれます）はほとんど1と見なして構わないのですが，濃い溶液になると活量係数が飛躍的に大きくなることもありますので，極端な数値が出現したときには注意が必要となります。

なお「pH」の読みは，最初の論文がドイツ語で書かれたものだったし，わが国の醸造学や医学の用語もドイツ由来のものが大部分でしたから，ドイツ語風に「ペーハー」と読み慣わしています。現在の日本工業規格（JIS）では読み方を「ピーエッチ」に定めているのですが，受験界以外の現場（医療や看護，醸造，化学工業など）では，相変わらず昔風の読みでないと通用しないのです。

水素イオン濃度の測定には，十分な濃度がある場合には容量分析の手法が使えますが，通常はこれより桁外れに小さいために，電気化学的手法が採用されています。最初は大物理化学者のネルンスト（♣）の考案した水素電極がもっぱら使用されていましたが，やがてハーバー（♣）（窒素固定法のハーバーです）の考案（1909）によるガラス電極が，かなり広い濃度範囲で水素電極とほとんど同様な濃度－電位レスポンスを与

♣ ネルンスト W.H.Nernst
(1864-1941)

♣ ハーバー F.Haber
(1868-1934)

えることがわかり，以後はもっぱらこちらになりました（◆）。最初の頃のガラス電極はサイズの大きなものでしたが，改良が進んでどんどん小型化され，現在ではマッチ棒大のものまで作られています（◆）。

ブレンステッドの定義によると，酸（HA）からH$^+$を放出した残り（A$^-$）は，考えようによってはまたH$^+$を受け入れる能力を持っていることになります。つまり塩基と見なせるわけです。このような関係を「**共役**」といいます。ですから「酸HAと共役の塩基はA$^-$である」という表現がよく出てきます。

$$HA \rightleftarrows H^+ + A^-$$

HAが弱酸であるということは，H$^+$を放出しにくいことを意味しますが，これは逆に考えると，この酸の共役塩基のA$^-$がH$^+$を受け入れやすい（つまり塩基として強力である）ということになります。ですから，酢酸のような弱酸の塩類は水溶液にすると解離して，陽イオンと酢酸イオンとになりますが，酢酸イオンが水からH$^+$を引き抜くため，結果的にOH$^-$が過剰となって水素イオン濃度は減少し，pHはアルカリ側に傾くことになります。

◆ 精密なデータが要求される場合には，今でも水素電極が使用されています。

◆ この小さいガラス電極は，胃カメラに組み込んで胃液のpHを測定したりするのに使われています。

8・4 いろいろな酸と塩基

さて，身の回りにはいろいろな酸が存在します．塩酸や硫酸，硝酸，酢酸，クエン酸，炭酸などがその中でもお馴染みのものでしょう。これらの酸には，水に加えたとき，完全に解離して，添加量（仕込み量）に相当するだけのプロトンを放つものと，ほんの一部だけしか解離しない，つまりプロトンを放出するもののその割合はずいぶん少ないものがあります。このうちで全部解離してしまうものを「**強酸**」，一部だけ解離するものを「**弱酸**」と呼んで区別します。硫酸（H$_2$SO$_4$）は1分子中に2モル相当の酸として働く水素を含んでいますが，これを水溶液（あまり濃くないもの）にするとほぼ完全に解離して，溶かしたモル数に等しい硫酸イオンと，その2倍モル数のプロトンとに分かれます。つまり典型的な強酸とみなすことが出来ます。

ところが酢酸やクエン酸などでは，水溶液にしてもごく一部しかプロトンを放出しません。普通の食酢は，多少の差がありますが，平均したところ4.2％ほどの酢酸を含んでいます。酢酸の分子量は60なので，1リットル当たりだと42g，これを分子量で割ると42/60 = 0.70（mol）になりますから，0.70 mol/Lの水溶液と見なせます。でもこの中のプロトンの濃度は，常温だとこの1％にも満たない量です。もちろん水酸化ナトリウムのようなアルカリ（強塩基）を加えて中和すると，未解離の

第8章 酸と塩基・化学平衡

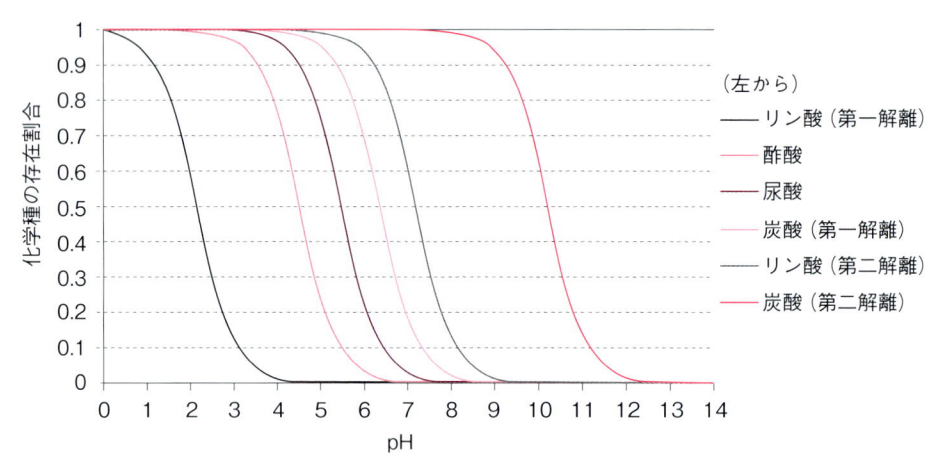

図8・1 弱酸の遊離酸とその解離した形の割合の変化

（左から）
- リン酸（第一解離）
- 酢酸
- 尿酸
- 炭酸（第一解離）
- リン酸（第二解離）
- 炭酸（第二解離）

酸の分子はどんどんプロトンを放出してくれますので，完全に中和すると酢酸ナトリウムの水溶液が出来るのは，塩酸を中和したときに塩化ナトリウム水溶液が出来るのと同じです。

　水素イオン濃度を変えたとき，あまり強くない酸の遊離酸とその解離した形の割合がどのように変化するかを図示してみましょう（**図8・1**）。普通のテキスト類には酢酸の例だけが載っているのですが，ここでは諸兄姉が将来直面することも考えて，尿酸や炭酸，リン酸などのケースを図示しておきます。有機化合物の場合，酸として解離する可能性のある水素の位置は決まっているので，通常はそれがすぐわかるような記載を採用するのです（例えばいまの酢酸の場合なら CH_3COOH のように記します）が，通常の酸塩基解離を論じるときには，骨組みの方は変化しないので，AcOH とか HOAc のような略記法を採用することが多いのです。ここで Ac はアセチル基（CH_3CO-）を意味します。同じように酒石酸だったら H_2tart，クエン酸なら H_3cit のように記すことが，特に臨床関係の分野では少なくありません。

　諸兄姉の将来に関係のありそうないくつかの酸について，pH を変えたときに解離の具合がどの様に変化するか，図8・1ではリン酸（第一，第二解離），酢酸，尿酸，炭酸（第一，第二解離）の例を示してあります。多段階に酸塩基解離が起こるとき，pK_a の差が3以上あれば，相互に影響し合うことがほとんどないので，独立の酸塩基解離として扱って構いません。逆に酒石酸やフタル酸のように第一解離と第二解離の pK_a の差が3より小さければ，まとめて（二塩基酸として）解離が起こるものとして計算した方が便利で誤差も小さくなります。

　縦軸にそれぞれの化学種の存在割合を，横軸に水素イオン濃度の余対数（つまり pH）をとって，いくつかの弱酸の解離の様子を示してみま

表 8・1 酸解離定数の表（特記しない限り 25 ℃での値です）

酸	K_a	pK_a
酢酸	$K_a = 2.95 \times 10^{-5}$	$pK_a = 4.53$
乳酸	$K_a = 1.55 \times 10^{-4}$	$pK_a = 3.81$
ホウ酸	$K_a = 1.12 \times 10^{-9}$	$pK_a = 8.95$
シアン化水素酸（青酸）	$K_a = 6.02 \times 10^{-10}$	$pK_a = 9.22$
安息香酸	$K_a = 1.02 \times 10^{-4}$	$pK_a = 3.99$
尿酸	$K_a = 1.58 \times 10^{-6}$	$pK_a = 5.80$
ベロナール（ジエチルバルビツール酸）	$K_a = 3.7 \times 10^{-8}$	$pK_a = 7.43$
フェノール（石炭酸）	$K_a = 1.66 \times 10^{-10}$	$pK_a = 9.78$
トリフルオロ酢酸	$K_a = 0.5$	$pK_a = 0.3$
炭酸（第一解離）	$K_{a1} = 4.57 \times 10^{-7}$	$pK_{a1} = 6.34$
炭酸（第二解離）	$K_{a2} = 5.62 \times 10^{-11}$	$pK_{a2} = 10.25$
酒石酸（第一解離）	$K_{a1} = 1.04 \times 10^{-3}$	$pK_{a1} = 2.98$
酒石酸（第二解離）	$K_{a2} = 4.57 \times 10^{-5}$	$pK_{a2} = 4.34$
フタル酸（第一解離）	$K_{a1} = 1.29 \times 10^{-3}$	$pK_{a1} = 2.89$
フタル酸（第二解離）	$K_{a2} = 3.09 \times 10^{-6}$	$pK_{a2} = 5.51$
クエン酸（第一解離）	$K_{a1} = 7.24 \times 10^{-4}$	$pK_{a1} = 3.14$
クエン酸（第二解離）	$K_{a2} = 1.70 \times 10^{-5}$	$pK_{a2} = 4.77$
クエン酸（第三解離）	$K_{a3} = 4.07 \times 10^{-7}$	$pK_{a3} = 6.39$

す．ここでの曲線は左側から，リン酸（第一解離），酢酸，尿酸，炭酸（第一解離），リン酸（第二解離），炭酸（第二解離）の順になっています．横軸は pH，縦軸は遊離酸（解離していない酸分子）の存在割合（つまり [HA]／{[HA] + [A⁻]}）を示しています．pHの増大につれて遊離酸の割合が減少し，解離したイオンの形が増加することがわかります．

様々な弱酸の酸解離定数を表 8・1 に示しました．この中ではトリフルオロ酢酸が一番強い酸です．pK_a が一番小さい（K_a が大きい）のですが，それでも計算してみると，0.1 mol L⁻¹ の水溶液でもおよそ 70 ％弱しか解離していません．塩酸や硝酸などのように，ほとんどが解離してしまう強酸とはずいぶん様子が違っていることがわかります．表の中のほかの酸だと，何万倍にも希釈しない限り，ほとんどが遊離酸の形になっていることがわかります．

同じように塩基の場合にも，強塩基と弱塩基が存在します．水酸化ナトリウム（苛性ソーダ）や水酸化カリウム（苛性カリ）が強塩基の典型ですが，弱塩基としてはアンモニアや有機のアミン類が挙げられます．

一つの分子内に，酸として働く**官能基**（カルボン酸など）と塩基として働く官能基（アミノ基など）を持つ化合物は「両性電解質」と呼ばれます．生体内で重要なアミノカルボン酸のほか，アミノスルホン酸であるタウリンや，アミノホスホン酸類などがこの種の両性電解質の典型です．なお，広い意味の「**アミノ酸**」（110 頁の表 12・1 参照）はこれらの総称として呼ぶのですが，食品栄養学などの分野では，α-アミノ酸だけに限ってこう呼ぶこともあります（この使い方だと，重要なアミノカ

ルボン酸であっても，ベータアラニンとかガンマアミノ酪酸（GABA），アントラニル酸などは別扱いになってしまいます）。

アミノ酸類は一分子内にカルボキシル基1個とアミノ基1個を持っているものがほとんどなのですが，この場合，水溶液中では「**両性イオン（zwitterion）**」の形となっています。つまり，カルボキシル基が解離して生じたプロトンが，アミノ基の窒素に付加してアミニウムイオンとなっているのです。このようなアミノ酸の水溶液は原則として中性ですが，カルボキシル基の数がアミノ基の数より多いと「**酸性アミノ酸**」，逆にアミノ基の数の方が多いと「**塩基性アミノ酸**」に分類されます。

8.5 緩衝作用と緩衝溶液

先の弱酸の水溶液を一定容積採取して，濃度既知の強アルカリ水溶液（標準溶液）で滴定し終点を求めることで，この酸の濃度を求めることが出来ます。こうして濃度が定まれば，もともとの量を計算することも可能となります。

実際に弱酸を強塩基（例えば水酸化ナトリウム）で中和したときのpHの変化を考えてみましょう。弱酸を一塩基酸であるとし，HAで表すと水溶液中での解離は下のように書けます。

$$HA \rightleftarrows H^+ + A^-$$

酸の水溶液にOH^-を添加すると，H^+と結合して水が出来ますから，上の平衡は右に動いて，HAがどんどん減少し，ついにはほとんど消滅してもともとの純水に含まれているH^+（実際にはH_3O^+）だけになります。これが当量点で，さらに塩基（OH^-）を添加すると，次第にOH^-が増加（つまりH^+は減少）して，pHは増大することになります。

横軸にOH^-の添加量（通常はNaOHやKOHなどの強塩基の水溶液の体積）をとり，縦軸にpHをとって描いたものが「**滴定曲線**」ということになります。容量分析（中和滴定）におけるpHの変化がこれで示されるのですが，中和点を検出するのに酸塩基指示薬を利用する場合，当量点付近でのpHの急激な増加の範囲の中に変色域が含まれているものを利用しなくては，目で見て明白な終点を得ることは難しくなります。

中和の度合いと溶液のpHとの関係は，次のような式で表現できます。

$$pH = pK_a + \log\frac{[A^-]}{[HA]}$$

この式は，薬学や生化学の方ではよくヘンダーソン-ハッセルバルクの式（◆）と呼ばれています。

ここの対数を取る比，つまり遊離酸と解離した陰イオンの濃度比のこ

◆ この式はアメリカの生理化学者 L. J. Henderson (1878-1942) とデンマークの生化学者 K. A. Hasselbalch (1874-1962) によるもので，このように整理された形で提案されたのは1908年のことでした。Hasselbalchの読みは，テキストによってはハッセルバルチだったりハッセルバルヒだったりしますが，元のスペルさえ正しければ構いません（本書ではハッセルバルクとします）。これはそれぞれの分野での何十年も昔の大御所の読み癖が残っているからです。

とを「濃度商」ということもありますが，本来の「濃度商」は平衡定数計算で用いるもっと複雑な累乗を含むものを指すので，この呼称をお嫌いな老先生方も居られることに注意しておく必要がありそうです。

血液は炭酸とその解離して生じるヒドロ炭酸イオン（炭酸水素イオン），すなわち HCO_3^- との平衡で pH が制御されていて，そう簡単に変化するようにはなっていません。極めて特殊な病気などで，肺胞の表面での気体交換が出来なくなってしまうと，血液中の炭酸濃度が増大して，本当に血液の pH が酸性側に偏ってきます。これは「アシドーシス」と呼ばれる病気で，悪くすると命に関わる結果となることだってあるのです。

ただ，案外気づかれていないのですが，血液と違って尿の場合には溶けている電解質の濃度が低いために水素イオンに対する緩衝作用があまり働かないので，食品によってずいぶん pH が変化します。その昔の欧米の美食家（グルマン）たちがよく痛風や膀胱結石に悩まされたというのは，彼らの愛好する大量の肉食の結果，もともと含まれるプリン体（DNA など核酸に含まれる塩基の成分でもありますが）から代謝で生じる尿酸が，尿や組織液の pH の低下（つまり酸性化）に伴って結晶として析出するためだったのです。現在では尿の pH を上昇させるために処方される薬剤はクエン酸を主成分とするものですが，クエン酸は体内で代謝されるとヒドロ炭酸イオンになりますので，尿の pH は大きく上昇し，8.0 ぐらいにまでなります。こうなると尿酸も解離して溶けやすくなり，小さな結石などなら再溶解してしまうのです。

そういう意味では「酸性食品／アルカリ性食品」は，血液ではなくて「尿の pH を酸性やアルカリ性に変える」という意味では正しいともいえそうです（63 頁のコラムをご参照ください）。でも「クエン酸」が「アルカリ性」だというのはいくら栄養学のエライ先生のご託宣でも矛盾に満ち満ちていて，信用おけない話であることをばらしているみたいです。

8・6 緩衝溶液と緩衝容量

先の弱酸の溶存化学種の pH による変化の図を，ベロナール（102 頁参照）を例として 90° 回転してみたものが図 8・2 です。これは実は容量分析でよく出てくる「滴定曲線」に他なりません。滴定曲線の場合には，横軸を大きく拡げて描くことが多いのですが，この場合，ちょうど半分中和した付近においては，酸やアルカリを加えたときの pH の変化が極小になります（これは微分してみればわかるのですが，この本は数学のテキストではありませんから結果だけ記すことにしましょう）。こ

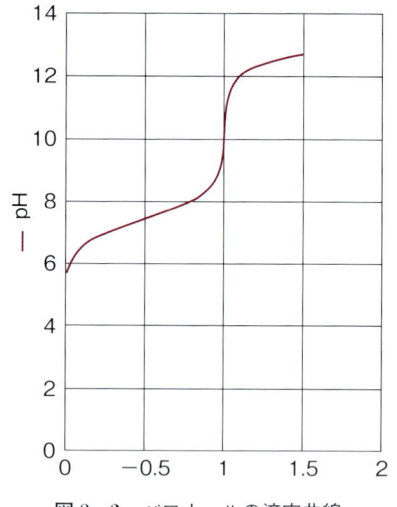

図 8・2 ベロナールの滴定曲線

のような，pH の変化しにくい溶液を「**緩衝溶液**」といいます。

緩衝溶液の pH は，溶液中の遊離酸と解離して生じたイオンとの比によって定まることがわかりますが，このときの pH を表現する式は，酸の濃度を [HA]，解離して生じたイオンの濃度を [A⁻] で表すと，前記のヘンダーソン–ハッセルバルクの式がそのまま使えます。

$$\mathrm{pH} = \mathrm{p}K_a + \log \frac{[\mathrm{A}^-]}{[\mathrm{HA}]}$$

このような溶液は，遊離酸と解離したイオンの濃度比だけで，pH が決まるのです。

図 8・2 に示したベロナールの滴定曲線（これは 0.1 N のベロナールを同じく 0.1 N の NaOH で滴定したときの pH 変化）で，横軸は中和度，縦軸には pH を取って描いたものです。先ほどの酸解離曲線を 90° 回転した形になっていることがよくおわかりになるでしょう。

この滴定曲線をよくみると，ちょうど半分中和された領域付近では，加えた塩基の量に対する pH の変化が著しく小さくなっていることがわかります。つまり，半中和点においては [HA] = [A⁻] となるので，この領域では，強塩基や強酸を多少添加しても，溶液の pH はさほど変化しません。このような溶液を「緩衝溶液」というのですが，われわれの身の回りや身体の中においてもいろいろと重要なはたらきをしています。

8・7 解離と化学平衡

これは諸兄姉の身の回りにも結構実例がたくさんあるのですが，どういうわけか，やたらに難しくてものすごく縁遠いものと理解されている

コラム

酸性食品とアルカリ性食品

その昔,「ものが燃える」ことと「生体内の代謝」とが同様に扱えるのだと喝破したのはフランスのラヴォアジェの卓見でした。ですが,その後,彼の解釈を奇妙な流儀で拡張し,「それじゃ,燃え滓が水に溶けたら,液の酸性度(今日風に言えばpHですが)も変わるんだよね。食品を燃やしたあとの灰を水に溶かしてこれをチェックしたらいいんじゃないか」と主張される大先生方が出現しました。つまり,そのために体内の液体(血液)の水素イオン濃度が変化して,これが身体に悪影響を及ぼす可能性があると考えられたのです。以前にはわが国の管理栄養士の試験問題にも出たことがあるそうです。

これが今でも時折目にする「酸性食品」とか「アルカリ性食品」という言葉の起こりなのですが,動物性の食品は,灰分としてリン酸塩が残りやすく,そのために水に懸濁させると酸性を示します。一方植物体(野菜や果実など)は燃やしたあとの灰はカリウムやナトリウムの炭酸塩,いわゆる「アルカリ」(もともとは「草木灰」)が主な成分なので当然水に溶かすとアルカリ性になります。

でも,血液は優れた緩衝溶液なので,食物の組成を変えたぐらいでpHが変化することはまずありません。そんなことが起こるようだったら,致命的な疾患が存在している証拠です。大体この食品の酸性とかアルカリ性を示す値というのは,「100グラムの検体をカセロール(陶製の燃焼皿)上で燃焼させ(もちろん空気中),残った灰を1規定の塩酸か苛性ソーダで滴定して求める」という大時代な方法で求めたものでした。さすがにこんな手間ばかりかかって不正確な実測方法はすたれて,どこかの権威ある栄養学の先生が計算で出しているのが現在の値なのだそうです。

バランス良く食べるのが1番!!

ようです。よく「化学の専門家に物を尋ねても,はっきりした答えがすぐには返ってこない」とマスコミのレポーターなどが喚いていますが,この「**平衡**」が骨の髄まで染み付いている化学者と,○か×かの二者択一が当たり前となっているマスコミ人の間のギャップによる軋みが表に出てきているのでしょう。

化学の世界では,量や濃度の関係,さらには平衡関係の存在が何といっても大事です。私たち人間が生きて行く上では,何はともあれ空気中から酸素を取り入れて,体内で栄養分を代謝させるのに利用しなくてはなりません。じつはこの体内における酸素の移動においても,化学平

♠ 高校の生物の教科書などでは，このあたりがおろそかな段階で難しいことをいきなり教わるわけなので，どうしても暗記物になり，ほかへの応用が利かなくなってしまうのです。

◆ 生物学のテキストではよくこれを「酸化ヘモグロビンに変わる」などと記してありますが，ヘモグロビンが酸化されたものはメトヘモグロビンという別の化合物で，色も赤くはなくチョコレート色をしていて，酸素を運搬する機能はありません。

衡の役割がきちんとわかっていないと，ものすごく面倒くさい取扱いをしなくてはならなくなります（♠）。

ご承知のように，呼吸の結果，肺に届いた空気の中の酸素は，肺胞粘膜を通過して肺動脈から送られてくる静脈血に接触します。静脈血の中では呼吸蛋白質のヘモグロビンから酸素が離れた状態なのですが，肺胞で大気中の酸素を付加すると鮮赤色の動脈血に変化するのです（◆）。

この酸素は分子のままでヘモグロビンの中の鉄(II)イオンと緩く結合（配位結合）して「酸素付加体」を作っているのです。緩い結合なので，条件次第（今の場合には酸素分圧の大小）によってこの結合の平衡は移動します。これは筋肉などに含まれるミオグロビンでも同じように起こるのですが，この平衡の度合いはかなり違います。

ミオグロビン（よく Mb と略記します）は一分子の酸素（O_2）を付加出来るので，次のような平衡関係が考えられます。

$$\text{Mb} + O_2 \rightleftarrows \text{MbO}_2$$

化学平衡関係が成立していると，下の式のようになります。

$$K = \frac{[\text{MbO}_2]}{[\text{Mb}][O_2]}$$

この K は，温度や圧力などの諸条件が決まると定数として扱える，いわゆる「条件定数」なので，通常は平衡定数と呼ばれています。ヘモグロビンやミオグロビンのうちで酸素と結合したものの占める割合（酸素飽和度）をよく $S(O_2)$ で表しますが，これは当然ながら血液中の酸素の濃度，つまり平衡にある酸素の分圧（P_{O_2}）の関数となります。いまのミオグロビンの場合なら下の式のようになります。

$$S(O_2)(\text{myoglobin}) = \frac{[\text{MbO}_2]}{[\text{Mb}] + [\text{MbO}_2]}$$

上の K を使ってこの式を簡略化すると

$$S(O_2)(\text{myoglobin}) = \frac{K[\text{Mb}][O_2]}{[\text{Mb}] + K[\text{Mb}][O_2]}$$

$$= \frac{K[O_2]}{1 + K[O_2]}$$

となることはおわかりでしょう。

同じようにヘモグロビン（Hb）の酸素付加の平衡の場合には，一分子のヘモグロビンが4個の酸素分子と結合するので

$$S(O_2)(\text{hemoglobin}) = \frac{\beta_4[\text{Hb}][O_2]}{[\text{Hb}] + \beta_4[\text{Hb}][O_2]^4}$$

$$= \frac{\beta_4[O_2]}{1 + \beta_4[O_2]^4}$$

のようになります。ここでの「β_4」は全生成定数といいます（◆）。

縦軸にS，つまり錯形成の度合いを，横軸に酸素分圧をmmHg (torr) 単位でとってプロットしたグラフがよくテキスト類に載っています。「ミオグロビンは双曲線型，ヘモグロビンはS字型になる」などと生物学のテキスト（高校だけでなく大学のものでも）では説明されていますが，これはまさに今から百何十年も前の大先生がなされた難しい説明のデッドコピー（これは横文字のテキストも大同小異ですが）でしかありません。

化学平衡を扱う場合には，酸塩基平衡などと同じように，濃度を対数尺で扱うのが現在では普通なので，このそれぞれの横軸を酸素分圧濃度の常用対数をとってプロットし直してみると，どちらもきれいなS字型曲線（シグモイドカーヴ）になります（図8.3）。これは実は変数変換するとどちらも $f(x) = \tan^{-1} x$ の形（これが「シグモイドカーヴ」の式です）となるので，違いはその傾きだけなのです。

ここでS(O_2)が50％（つまり半飽和）のときの酸素分圧は，ミオグロビンの場合3 mmHg，ヘモグロビンAでは27 mmHgとなっています。後述のヘモグロビンF（胎児の血液に含まれている）ならば19 mmHgになります。この半飽和時の酸素分圧が低いほど，低酸素濃度条件まで酸素を保持する能力があるということに他なりません（図8・3左）。

胎児は母親の動脈血から胎盤を経由して酸素を受け取っているわけですが，このときには母体の血液中にある通常のヘモグロビン（こちらはヘモグロビンAと呼ばれる）とはちょっと違った特別な構造のヘモグロビンFというものが酸素を受容します。こちらは肺胞よりも酸素濃度が低い状態でも酸素と結合できるようになっているのですが，誕生後外気を呼吸できるようになると，もともと含まれているヘモグロビンAだけで十分となり，余剰となったこのヘモグロビンFは不要となって，急速に分解して行きます。「赤ちゃん」の肌の色は，本当に赤色の血色素が過剰にあるからなのです。ヘモグロビンの分解生成物はいわゆる胆汁色素と呼ばれる黄色系統の色調のビリルビンやビリベルジンなどで，これがいわゆる「新生児黄疸」の原因なのですが，これはヘモグロビンを作っているポルフィリン環が切れて生じるものです。

図8・3にはこのヘモグロビンFの酸素付加平衡を一緒にプロットしてありますが，横軸を対数尺（$\log P_{O_2}$）にすると（右図），シグモイド型曲線が見事に平行移動した形になっていることがわかるでしょう。ミオグロビンは酸素分子1個だけの付加・脱離を行うので，この曲線の曲がり方も緩やかですが，ヘモグロビンはAもFも4分子の O_2 の付加・

◆ 厳密な取扱いをすると，各段階に対応した四通りの平衡定数（K_1, K_2, K_3, K_4）を使わなくてはいけないのでもっと厄介になりますが，いまのような相互比較のためには，全生成定数と呼ばれる $\beta_4 (= K_1 \times K_2 \times K_3 \times K_4)$ を使って簡略化する方が計算も簡単でわかりやすいのです。

第8章 酸と塩基・化学平衡

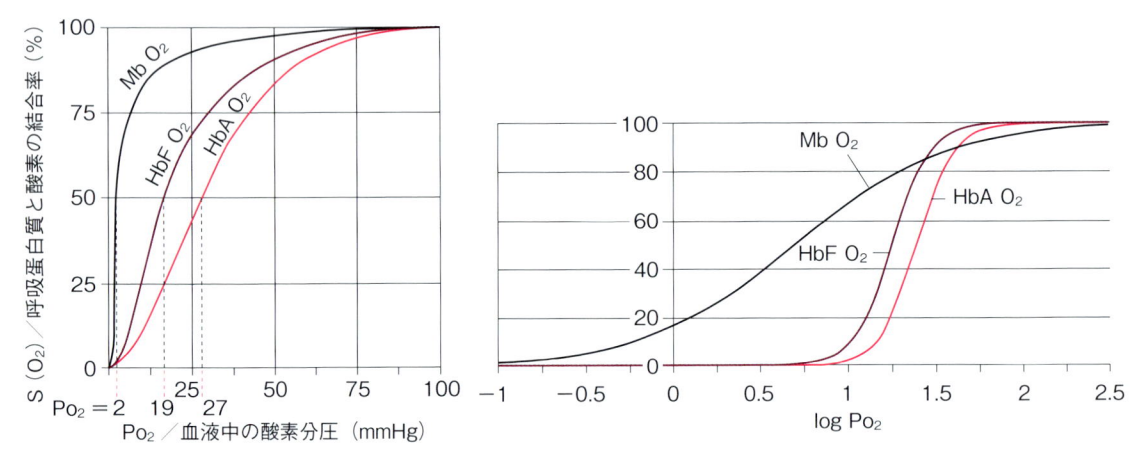

図8・3 ヘモグロビン（Hb）とミオグロビン（Mb）の酸素結合・解離曲線（左は Wikipedia.org より改写）

脱離がほぼ一度に起こるので，酸素濃度の増加とともに急速に結合率が増加します。

このように，比較的穏やかなエネルギーでの化学結合が存在する場合には，結合を作る電子対は，多くは一方の原子団中の特定の原子（ドナー原子）から供給され，これを受ける側の特定の原子（アクセプター原子）の開いている電子殻へ受け入れられることで結合が生じます。この種の結合を「**配位結合**」と呼ぶのですが，これはルイスの酸とルイスの塩基との反応に他なりません。つまりルイスの塩基（電子対を供与可能な化学種）の側から電子対がルイスの酸（電子対を需要可能な化学種）へと供与されて結合が生成することになります。

この際には，アクセプター原子を持つもの（つまり余分の電子対をよそから受け入れて安定な構造となるもの）の多くは金属のイオン（ヘモグロビンの場合にはヘムの中心の鉄原子）ですし，逆に余分な電子対を持つものは非金属元素の原子で，周期表で見ると右上の三角部分に位置する元素が主となります。

こうして生じたものを「**錯体**」（◆）と総称するのですが，以前の研究対象となったものはもっぱら金属の塩類で，そのために「錯塩」の方が普通でした。やがて中性のもの（昔は「分子内錯塩」なんて呼ばれました）も普通に知られるようになって，総称として「錯体」の方が用いられるようになったのです。

錯体の生成／解離の指標となるのは，錯形成定数（安定度定数）です。これの影響はむしろ実例を引いた方が理解しやすいかと思います。

その昔のアメリカのスラム地区で，子供の鉛中毒が大問題となったことがあります。今の環境問題過激派たちはすぐに「水道管からとけだす鉛のせいだ！」などという論陣を張りますが，実はこれを原因とするの

◆ 錯体の構造（例）
テトラアンミン銅（Ⅱ）イオン
$[Cu(NH_3)_4]^{2+}$

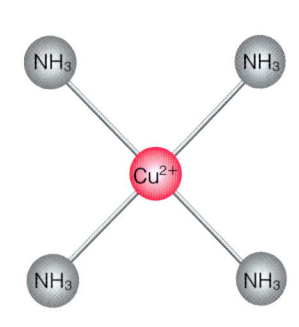

8・7 解離と化学平衡

はまったくの筋違いでした。当時，貧しくてチューインガムすら買えなかった子供たちが，家屋の壁などの塗装に使われた白色のペンキの剥げ落ちたものを，ガムの代わりに口に入れて噛む習慣があったのだそうです。ところがこの白いペンキの顔料は鉛白（つまり塩基性炭酸鉛，$PbCO_3 \cdot Pb(OH)_2$）でありました。本来水には溶けないのですが，唾液には溶けるので，身体に鉛のイオンが吸収されて中毒症状を呈するようになったのです。

　今から半世紀ほど前のあるとき，ニューヨークのさる病院に，鉛中毒で意識不明となった幼児が担ぎ込まれ，スタッフ一同いろいろ手を尽くしたものの一向に回復の兆しすら見られないということになりました。たまたま当時すでに硬水軟化用に使われ始めていたEDTA（◆）を，ある医師が，同じように二価の金属イオンである鉛に対しても有効なのではと考えて，患児に静脈注射したところ，一日で鉛が百数十ミリグラムも尿中に排泄され，症状がウソみたいに回復したという記録が残っているそうです。

　その後も鉛中毒に対してのEDTAの投与は行われてきました。ただ，骨格中に沈着した鉛まで除去，排泄させるには継続的に投与することが必要なのですが，こうすると骨格中のカルシウムも同じように錯形成の結果排出されてしまう（脱灰現象）ので，骨粗鬆症の原因となってしまいます。現在では，この目的のためにはEDTAのカルシウム錯体（$Na_2Ca(edta)$）の経口投与がもっぱら行われるようになっています。これなら消化管から容易に吸収されますし，骨からカルシウムを奪い取ることもないからです。

　この錯形成について考えてみましょう。体内の血液や組織液の総量はほぼ40リットル強とされています。毎日そのうちで1/20ほどが尿や汗などの形で排出されます。

　EDTAは医薬業界や化粧品業界では「エデト酸」という別名がありますが，四塩基酸で，分析化学の方ではよくH_4Yのように略記されます。多価の金属イオンとは1：1の錯体（MY）を形成しやすいので，今の場合ならカルシウム錯体はCaY，鉛の錯体はPbYと表せます。

　金属イオンとEDTAとの錯形成定数も，もちろんながらpHによっても影響を受けるのですが，大づかみなところはそれほど変化しないと考えてよいでしょう。それに体内の血液や組織液のpHや温度条件はほぼ一定ですから，あまりほかからの影響は受けにくいのです。

　いまCaYとPbYについての錯形成定数を書いてみますと，次のようになります。この数値は『分析化学データブック』（日本分析化学会編，丸善）の改訂4版を元にしました。25℃で，イオン強度0.1という標準

◆　このEDTAはエチレンジアミン四酢酸，およびそのナトリウム塩の略記号です。カルシウムやマグネシウムなどの二価の金属イオンと錯体を形成して軟水化してしまうのです。ほかの多価の金属イオンとも容易に錯形成します。なお配位子の場合は小文字で「edta」のように記します。これが下記の「Y」に当たります。

的な測定条件での値です。

$$Ca^{2+} + Y^{4-} \rightleftharpoons CaY^{2-}$$

$$K = \frac{[CaY^{2-}]}{[Ca^{2+}][Y^{4-}]} = 3.89 \times 10^{10} \qquad \log K = 10.59$$

$$Pb^{2+} + Y^{4-} \rightleftharpoons PbY^{2-}$$

$$K = \frac{[PbY^{2-}]}{[Pb^{2+}][Y^{4-}]} = 1.10 \times 10^{18} \qquad \log K = 18.04$$

と，鉛のほうが8桁（ざっと一億倍）も大きくなっています。つまり錯体の出来やすさはこの比からわかるので，EDTA の錯体はカルシウムよりも鉛の方が8桁近くも出来やすいことになります。ですから血液などに溶けている鉛も優先的に除去できるのですが，正常人の血中鉛濃度の上限は通常 10 μg/dL（= 0.5 μmol/L）ほどで，カルシウムイオンの正常値 1.18 mmol/L に比べると 0.1 ％にも足りません。ところがこれが 40 μg/dL（= 2.0 μmol/L）もあると中毒症状が出るといわれます。先ほどの意識不明となった子供など，これよりもさらに10倍ほどはあったろうといわれています。

章 末 問 題

8.1 ブレンステッドの酸には含まれるが，アレニウスの酸ではないものの例を，少なくとも二種類挙げてごらんなさい。

8.2 健康な人間の胃液の pH はほぼ 2.0 です。酸の水溶液の pH は 10 倍に希釈するとほぼ 1 だけ上昇すると考えられるのですが，それではこの胃液を 100 万倍に希釈したら pH が 8.0 になって，アルカリ性となってしまうことになります。これはどこかおかしいのですが，どこが間違っているのかを指摘してください。

8.3 緩衝溶液の pH は，ヘンダーソン-ハッセルバルクの式で表されるように，弱酸とその共役塩基の比によって定まります。それなのに，実際の緩衝溶液の使用に際しては，その弱酸や共役塩基（つまりその塩の含むイオン）の濃度がいろいろと目的に応じて定められたものが用いられているのはなぜなのでしょう。

8.4 水溶液中ではオキソニウムイオン（H_3O^+）が最強の酸であり，水酸化物イオン（OH^-）が最強の塩基となります。いま，水酸化ナトリウムより強い塩基と考えられるナトリウムアミド（$NaNH_2$）を純水に投入したとします。このときに水溶液中に存在する化学種はどのようなものでしょうか。

8.5 中性の緩衝溶液としてよく用いられるリン酸塩緩衝液（pH = 6.98）は，リン酸一水素二ナトリウムとリン酸二水素カリウムを等モル測り取って水に溶かして調製するのが常法となっています。ところが，用途によってはリン酸二水素カリウムの代わりにリン酸二水素ナトリウムを用いることに定められている処方が用いられる分野もあるのです。なぜ別の塩が用いられるのでしょう？

第 9 章 酸化と還元・熱力学

> **本章のポイント**
>
> 酸化還元反応／酸化状態の表記法／「熱力学」の成り立ち／熱力学の第一・第二・第三法則／エネルギーのいろいろ／化学ポテンシャル／浸透現象と浸透圧

　酸塩基反応（中和反応）と同じぐらい重要度の高い反応としては、やはり「**酸化還元反応**」を取り上げておく必要がありましょう。これは、化学エネルギーと電気エネルギーの相互変換にかかわる大事なことで、電池や電気分解などもこの身の回りにおける応用の例であります。

　さらに加えて、われわれの体にとって有害な微生物や毒素などは、おおむね酸化性の試薬に対しては抵抗力がさほどありません。そのために、殺菌、消毒のための試薬の中にも、酸化性の薬剤がいろいろと含まれています。もちろんその強さには様々なグレードのものがあり、あんまり強力だと人体まで酸化してしまいますし、逆に弱すぎれば有害なバクテリアの方は平気の平左で、目的とは別の菌類が繁殖しだして、せっかく処理しても有名無実なんてことだってあります。

9.1 「酸化反応」と「還元反応」

　酸化とはもともと「酸素といろいろな元素単体が化合する」ことを意味していました。ですから、十八世紀に酸素が発見されるまではこの言葉は存在しなかったのです。もちろんほぼ同じ内容を指す言葉は幾通りもありましたが、これが「酸化反応」であると巧みにまとめたのはフランスのラヴォアジェの功績でありました。

　これと対になる「還元」の方は、もっと歴史が古いのです。人間が火を使うようになってからの歴史は数十万年といわれていますが（◆）、焚き火の中にいろいろな鉱物（鉱石）類が投入されたとき、熱と炭素や一酸化炭素の作用で容易にピカピカの光沢ある金属が生じるものがあり、これは加工も容易で様々な用途に当てることが出来るので、古代の人たちもいろいろと探索をしたようです。この鉱石から金属を得ることを「還元」といいました。漢文読みにするとこれは「元（ハジメ）ニ還（カヘ）ス」となるわけで、鉱石の中の成分を金属に戻すことにあたります。

◆ 北京原人はすでに火を利用していたことが判明していますが、彼らが暮らしていた年代は最近のデータだと 78 万年ほどの昔だということです。

西洋史によく「黄金の時代」「白銀の時代」「青銅の時代」「英雄の時代（鉄器の時代）」という区分けが登場しますが，この順番は，実は金属になりやすい（還元されやすい）順序でもあるのです。金や銀は今でも単体で産出することがよくありますし，銅の精錬（つまり還元）は，原鉱石の種類にもよりますが，鉄の精錬に比べたらずっと簡単です。炭酸塩である孔雀石や藍銅鉱は，炭素と混ぜて加熱すると容易に還元されて金属銅を得ることが出来ます。錫も天然に酸化物の錫石（しゃくせきともいいます）として産出しますので，これも炭素と加熱すれば容易に金属に還元されます。純粋な銅自体はかなり軟らかくて，美しくはありますが実用には向きませんけれども，銅と錫の合金は組成によって硬さや加工性がずいぶん異なるものが出来るので，二千数百年以上前にすでに用途ごとに配合比が定められていました。

やがて技術が進歩してくると，酸化物や炭酸塩などの，鉱石以外のもっと複雑な組成で精錬が厄介なものでも，加熱処理で酸化物の形に変えることで同じように金属を得ることが出来るようになりました。現在の銅鉱石のほとんどは硫化物（黄銅鉱など）ですが，反射炉で硫黄分を酸化し（二酸化硫黄となります）酸化銅の形に変えて精錬することになっています。

鉄の精錬はこれに比べるとかなり難しいので，歴史的に見ても貴金属や銅などの金属に比べると利用が始まったのはかなり時代が下ってからになります。

化学反応は電子のやりとりであると見なすとしますと，電子を与える（押し込む）ことが還元，電子を奪い取ることが酸化ということになります。例えばいまの孔雀石（塩基性炭酸銅）の中の銅は Cu^{2+} のかたちをとっています。つまり中性の銅原子に比べて電子が2個不足しているのです。炭素などで還元する（つまり電子を押し込む）と $Cu^{2+} + 2e \rightarrow Cu^0$ となって単体の銅が得られることになります。

われわれにとって身近な消毒，殺菌用の薬剤には，酸化剤であるものがたくさんあります。これは有害な微生物類が，酸化性の物質に対して抵抗力が小さいために利用されているのですが，この有害微生物にはいわゆる「嫌気性細菌」類が少なくないからです。

嫌気性（anaerobic）というのは，もともとは「空気（酸素）のあるところでは生存できない」性質を指していました。つまり0.21気圧の酸素ですら，生育の妨げとなり，時には致死的になってしまうということだったのです。でも現在では，この昔風の意味よりももう少し広い意味に使われる方が多くなりました。つまり「酸素がなくとも生きられる」という意味で使う方が主になっているのです。

もともと地球ができてからかなりの期間，大気中には酸素が存在していませんでした。ですがシアノバクテリア（◆）が活動するようになって，二酸化炭素と水から酸素を作り出す，つまり炭酸同化作用が営まれた結果，空気中に次第に酸素が蓄積し，やがて高層大気中にオゾンが生成すると，これが紫外線の有効なフィルターとして働くようになって，生物圏が次第に陸上にまで広がったと考えられています。原始的な細菌（古細菌）に対しては，酸素をも含む酸化性の化合物は有害なものなのです。

現在のわれわれは大気の海の底に生きているともいえますが，この大気の組成は，以前は太古代からずっと不変の状態であったと信じられてきました。でも最近のいろいろな研究結果からすると，どうもそんなに簡単ではないみたいなのです。

◆ シアノバクテリアは，以前は「藍藻」と呼んでいました。今でもこちらの呼称が使われている分野もあります。分子状酸素は，もともとのシアノバクテリアにとっては有害な老廃物で，生息圏（水中）から気体としてどんどん放出してくれたために大気圏に溜まってきたのです。

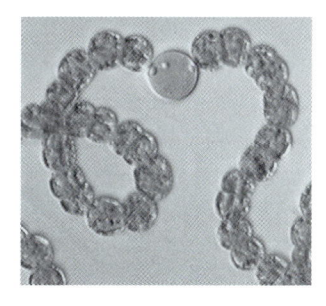

シアノバクテリア *Anabaena flos-aquae*
写真提供：渡邉　信氏（筑波大学）
（『菌類・細菌・ウイルスの多様性と系統』（裳華房，2005）より転載）

9・2　酸化状態の表記法

中性原子に比べて，価電子がどのくらい過不足の状態にあるかを示すことができればいろいろと便利です。価電子が不足になっていれば酸化された状態，過剰ならば還元された状態になっていることがわかります。

この表記法には，ユーエンス-バセット方式とストック方式があります。前者は符号つきのアラビア数字を用いて Fe(+3)，S(−2) のように記すのですが，簡単な単原子のイオンの場合はこれでよくわかるのですけれど，化合物や錯体の場合には全体の電荷数と混同しやすいので，プロ向きではありますがあまりお勧めできません。

ストック方式は酸化数をローマ数字で記すのですが，もともとローマ数字にはゼロや負数がありませんでしたから，この場合には Au(0)，Cl(−I) のように書くことになっています。鉱物などの特別な場合には肩付きにして Fe^{II} のように記します。例えば磁鉄鉱（Fe_3O_4）は $Fe^{II}Fe^{III}_2O_4$ のようになります。初めての方には，このストック方式の方が，誤解が少ないのでお勧めです。例えば過マンガン酸のイオン MnO_4^- の中のマンガンの酸化数は +7 ですが，Mn(VII) と書けばイオンの電荷と混同することはありません。おなじみの過マンガン酸イオンによる鉄(II)イオンの酸化は，それぞれの電子の授受を表現すると次のようになります。

$$Mn(VII) + 5e \longrightarrow Mn(II)$$
$$Fe(II) \longrightarrow Fe(III) + e$$

下の式を五倍して足し合わせると，電子の過不足が両辺で無くなりますから

第9章 酸化と還元・熱力学

$$Mn(VII) + 5Fe(II) \longrightarrow Mn(II) + 5Fe(III)$$

のようになります。普通のイオンの式を使ってもう少しわかりやすく書き直すと

$$MnO_4^- + 5Fe^{2+} + 8H^+ \longrightarrow Mn^{2+} + 5Fe^{3+} + 4H_2O$$

のように表すことができます。

9.3 熱力学と化学 ―平衡との関連

　多くの大学初年次向けの化学のテキスト類は，物理化学にウェイトをかなり置いているものが多いのですが，これはその昔の旧制高等学校で，「最初に熱力学，次に構造化学」という方式のカリキュラムが定番として行われていたことの流れが今に残っているのだといわれます。この方式は元々まず数学をみっちりと教えられた後に熱力学の講義という順番だったことの名残で，そのために新制大学が発足してからしばらくの間でも，一年次の化学用にはそのようなテキストしか存在しませんでした。

　ところが，新制の高等学校での数学のカリキュラムは，発足してからも二転三転したのですが，昭和二十年代の発足当時に比べると，微積分や対数，確率などについては実力がどうしても不足気味で，対数計算や代数幾何，統計・確率などについてはかなりお寒いものがあります。それなのに昔風の実用数学の知識が不可欠な化学熱力学や構造化学を教えようとされる先生方の熱意は確かに評価されるべきものではありますが，その結果としてどうしても消化不良のままで，何とか単位だけとれたけれど，あとになってもほとんど使い物にならないと嘆かれる諸兄姉の先輩方の数は決して少ないものではありません。

　熱力学はもともと，イギリスのジェイムズ・ワット（♣）が蒸気機関を作った折りに，少しでも効率のよいエンジンを作ろうという所から始まりました。つまり熱の形でエネルギーを供給し，これを仕事に変換す

♣ ジェイムズ・ワット
James Watt (1736-1819)

る際の効率を少しでも挙げるためにはどうしたらよいかが大問題であったのです。いわば「**産業革命**」とともに始まったといえます。この時代においては，まだ「熱力学」というよりも経験的な「熱力術」としての性格がずっと色濃かったといわれます。やがて十九世紀の半ば近くなってドイツのクラウジウスやヘルムホルツ，ネルンスト，英国のジュールやランキン，ケルヴィン卿，アメリカのギブス（♣）などの大学者の手によって，ようやく近代的な学問のかたちになったといわれます。

　もちろんそれ以前からいろいろと実験的な探求は絶え間なく続けられてきました。それらから得られた一見混沌としたデータをまとめ上げた結果が今日の熱力学となっているわけです。

　このようにして構築された熱力学のおかげで，われわれが身の回りに日常観察している化学的な系についても，いろいろな既知のデータをもとに，単なる経験だけではなくてきちんと結果の予測が出来るようになってきました。

　熱力学のうちでも，化学に通常役立つものは「古典熱力学」が主で，最初の設定条件から考えて，エネルギーの面からどのような状態に落ち着く（これが平衡状態なのですが）のだろうかという予測ができることがまず要求されることなのです。もちろん非平衡状態の化学熱力学も重要な問題でありまして，ベルギーのプリゴジーヌ（♣）のように，これを取り上げた研究でノーベル賞を授与された大権威もおいでであるぐらい大変なテーマですが，これにはカオス理論そのほかの高等数学理論の応用が不可欠で，いきなり取り組んでもとても料理できるような対象ではありません。

　熱力学は，その名の通り「**熱**」と「**仕事**」との関係を解明するために作られた学問でしたから，化学熱力学はエネルギーと化学反応，平衡などとの関連を論じることができる学問といえます。

　ところで，この「熱」と「仕事」はどちらもエネルギーと同じ単位で測定できる量ではありますが，いわゆる「**状態量**」ではありません。状態量とは，温度，圧力，物質量などのパラメーターを決める（つまり状態を定める）と，一義的に定まる量のことなのですが，「熱」や「仕事」はこれだけでは決まらないのです。ということは，諸条件を定めてもどのような値となるかなかなか予測が出来ないということなのです。

　そのために19世紀初めから科学者は，なんとかしてこの「熱」と「仕事」の量を，たとえ近似値でもいいから計算で求められないかとさんざん苦労してきました。先人の努力の甲斐もあって，現在では下記のような三箇条の法則（これは自然科学界には珍しい「例外のない法則」なので，「公理」と呼ぶべきだと主張される大先生も居られますが）が導かれ

♣　クラウジウス　R. Clausius
（1822-1888）
♣　ヘルムホルツ　H. Helmholtz
（1821-1894）
♣　ジュール　J. P. Joule
（1818-1889）
♣　ランキン　W. Rankine
（1820-1872）
♣　ケルヴィン卿（トムソン）
Lord Kelvin（W. Thomson）
（1824-1907）
♣　ギブス（ギブズ）　J. W. Gibbs
（1839-1903）

♣　プリゴジーヌ　I. Prigogine
（1917-2003）

ました。

> **● 熱力学の第一法則**
> 系の内部エネルギー変化（ΔU）は，系に加えられた（吸収した）熱量ΔQと系に対して行われた仕事ΔWの和に等しい。すなわち
> $$\Delta U = \Delta Q + \Delta W$$
> **● 熱力学の第二法則**
> 一つの熱源から熱を得て，それを全部仕事に変換することは出来ない。この法則は別名を「トムソンの原理」ともいう。熱と仕事の変換を支配する。
> **● 熱力学の第三法則**
> 絶対0度における物質のエントロピーはゼロである。

このほかに「**熱力学の第零法則**」と呼ばれるものがあります。これはあまりにも当り前だからということで通常はさして意識されませんが，次のような表現になります。

「二つの系があって，ともに第三番目の系と熱平衡になっているならば，この二つの系は互いに熱平衡になっている。」

これらは一見わかりにくい表現になっていますが，いろいろな実例を見ているうちに自然に会得できます。もっとも世の中には不思議な考え方をする人たちがいて，「まったく熱エネルギーを必要としないのにいくらでも仕事をさせることが出来るエンジン」とか，「熱効率が百パーセントで仕事をさせることが出来る機械」などを発明したとか，これから発明するという名目でスポンサーを募ったりしている（つまり詐欺）ようです。これらはそれぞれ上の熱力学の第一法則，第二法則に反するマシンということになり，それぞれ「第一種永久機関」，「第二種永久機関」のように呼ばれます。アメリカあたりではこれらについての特許申請があまりに多いので，ついに「永久機関に関しては，少なくとも丸一年間実際に動くモデルを添付しない特許申請はすべて却下扱いとする」ということになったそうです。

9.4 いろいろなエネルギー

エネルギーにはいろいろな形態があるのですが，私たちのよく目にするいろいろなエネルギーには次のようなものがあります。

位置エネルギー（potential energy）
運動エネルギー（kinetic energy）

弾性エネルギー (elastic energy)
電気エネルギー (electric energy)
化学エネルギー (chemical energy)
熱エネルギー (thermal energy)

　これに加えて，アインシュタインの公式によれば，質量とエネルギーは等価で相互に交換し得るということになります．「原子力エネルギー」は実は質量がエネルギー（主に熱エネルギー）に変換したのを利用しているのです．もっとも現在の原子力発電は，変換した熱エネルギーで水蒸気を作り，これでタービンを回して発電しているので，効率から考えると，水力発電（これは高所に蓄えられた水のポテンシャルエネルギーを利用して発電するのですが）に比べるとかなり低いのですが，安定供給性においてはずっと優れているので，フランスのように国内需要電力のほとんどを原子力発電に依存している国も存在します．

　熱エネルギー以外のいろいろなエネルギーは，おおむね相互変換が理論的には可能です．ですが熱エネルギーは，その意味では一番質の落ちたエネルギーであるため，外のエネルギーに完全に変換することは出来ません（第二法則）．

　ところで，化学で扱うエネルギーの関数は，**表9・1**にあるようなものです．われわれは空気の海の底に暮らしているようなもので，実験条件などは定温定圧下にするのが一番容易なのですが，そうすると，圧力一定下でのエネルギー変化は，内部エネルギー（測定する対象が本来保持しているいろいろなエネルギーの総和）とフローエネルギー（pV）の和である「**エンタルピー**（H）」，さらにエネルギーの質の指標ともいえる「**エントロピー**（S）」を考慮する必要があります．エントロピーはなかなか直観的にはわかりにくい概念なのですが，オカネにたとえると，総収入に当たるものがエンタルピー（H），必要経費がエントロピー項（TS），支出として使える分が**ギブスの自由エネルギー**（G）ということになるでしょうか．

　ここでエントロピーだけは次元が違い，通常は J K^{-1} を単位として表

表9・1 化学で扱うエネルギーの関数

内部エネルギー	U
エンタルピー	H
エントロピー	S
ヘルムホルツ自由エネルギー	F（A で表すこともある）
ギブス自由エネルギー	G（以前は F と記した）
熱	Q
仕事	W
フローエネルギー	pV

第9章 酸化と還元・熱力学

しますが，あとは通常のエネルギーの単位，つまりジュールかカロリーで表現できます。

これらの間には次のような関係があります。

$$H = U + pV$$
$$F = U - TS$$
$$G = H - TS = U + pV - TS$$

これらの相互関係を図示すると**図9・1**のようになります。

これらの値は，絶対値を求めることはかなり難しくもあるし，またそれほど重要ではありません。私たちにとって大事なのはそれよりもむしろ変化分なので，これらにΔ（デルタ）をつけて表示します。例えばエンタルピーの変化分はΔHのようになります。熱化学方程式の右辺に出てくるΔHは，反応におけるエンタルピーの変化分なのです。

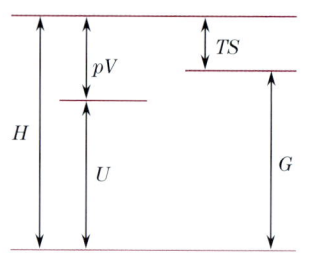

図9・1 熱力学的関数の相互関係

9・5 化学ポテンシャル

化学のもっと広い分野で重要なのは，ギブス自由エネルギーの変化分です。つまりΔGで表される量です。これらの熱力学的な関数は，熱と仕事以外のものは状態量なので，温度，体積，圧力などの関数として表現できます。つまり$U(p, T)$のように書けるのです。単一成分だけならこれで構わないのですが，化学反応や平衡を含む系を考える場合には，このほかに成分の量（モル数）をも変数として考慮することになり，例えばギブス自由エネルギーの場合にはそれぞれのモル数（n_i）をも変数に加えて，$G(p, T, n_1, n_2, n_3, \cdots)$のように書けます。

化学で扱うシステムでは，ギブス自由エネルギーが成分の量（濃度）によってどのように変化するのかが極めて大事です。ほかの条件が全部変化しないものとして，特定の成分によるΔGの変化は，次のような偏微分（$\partial \Delta G/\partial n_i$）に相当するわけですが，これはよく**化学ポテンシャル**と呼ばれ，記号は「μ」で表されます。成分iの量（または濃度）による変化分を加味した式は下のようになります。

$$\mu_i = \mu_{i0} + RT \ln n_i$$

ここで「μ_{i0}」はi番目の成分が標準状態（気体なら1気圧，溶液ならモル分率が1）の場合の化学ポテンシャルを意味します。平衡状態は，ΔGが各成分のモル数によって変化しない状態にほかなりません。つまり各成分について$(\partial \Delta G/\partial n_i) = 0$が成り立つので，これから平衡条件が計算できることになります（◆）。

電池の起電力は，実は電池反応のΔGに相当しているわけです。ダニエル電池（**図9・2**）の場合，銅の板と亜鉛の板の間での電子の通り道

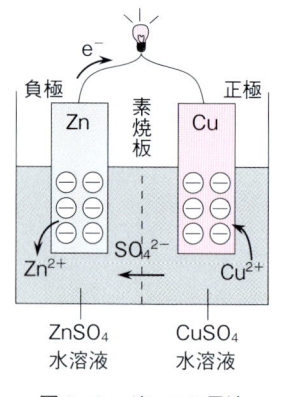

図9・2 ダニエル電池

◆ 詳しい計算については，例えば小出 力先生の『読み物 化学熱力学』（裳華房ポピュラーサイエンス）などをご参照ください。

を電池の外へ導いて導線を経由させることで，外部に仕事をさせることができるようになっているのです．

9・6 浸透現象

図9・3のように，二種類の濃度の異なる溶液が膜を隔てて置かれている場合，この膜が，溶媒分子は通過できるけれども，溶質分子は通過できないような性質を持っていると，濃度の低い（希薄な）溶液から溶媒分子が濃厚溶液の方へ移動して，全体の濃度が均質になる方向へ進みます．これが「**浸透現象**」と呼ばれるもので，以前は「滲透」現象と書きました．この方がきちんとした意味を持つ言葉なのですが，漢字制限という悪法のために，以後のわれわれはいささか歪んでしまった文字遣いを余儀なくされています．

お風呂に長時間つかっていると，指の皮膚がしわしわになることに気づかれたことも多いと思います．これは風呂の湯よりも人体の組織液の方がいろいろなものを溶解しているので高濃度であるため，浸透現象で水分が皮膚を通り抜けて入ってくるからなのです．もちろん無制限に入ってきたら大変ですから，適当なところでストップするようになっていますが，死んでしまったらこの調節が利かなくなって水ぶくれ（いわゆる「土左衛門」状態）になります．

溶媒の分子が半透膜を通過するのを止めるには，高濃度側の溶液に圧力を掛けて対抗しなくてはなりません．この膜透過が停止するときの圧力を「**浸透圧**」というのですが，これは溶質濃度の関数で，普通次のように表すことができます．ここで浸透圧はΠ（パイ）で表しますが，これはギリシャ文字の大文字（小文字はπ）です．

$$\Pi V = inRT$$

これは理想気体の状態方程式（ボイル‐シャルルの法則）とそっくりですが，違うのは右辺に「i」という係数がつけ加わっていることです．こ

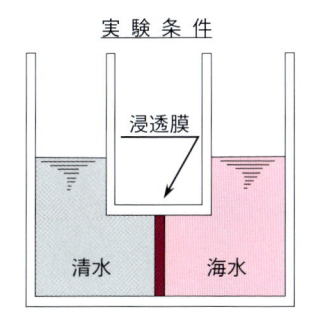

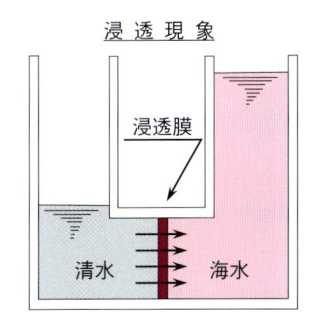

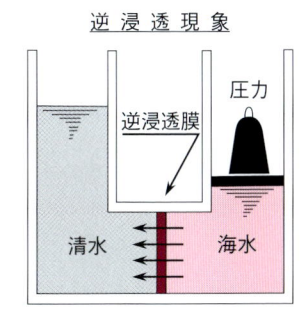

図9・3 浸透現象（水処理エース株式会社の web ページより）

の「i」はファントホッフ係数と呼ばれるもので，溶質が溶液内で解離しなければ1ですが，解離していくつものイオンに分かれると，それだけ大きくなります。塩化ナトリウム（NaCl）などでは1モルを溶かすとナトリウムイオンが1モル，塩化物イオンが1モル出来ますから$i=2$ということになります。硫酸アンモニウム$(NH_4)_2SO_4$や塩化マグネシウム$MgCl_2$だと$i=3$になります。

この浸透圧が生じるのは，膜の両側にある溶液の濃度が違っているためのギブス自由エネルギーの差が原因なのです。

浸透圧が血液と等しい水溶液はよく等張液といいます。生理食塩水や等張ブドウ糖液など，赤血球をこの中に入れても水分子の出入りがありませんからそのままの形と大きさを保っています。血液を水で薄めると，水が赤血球内にどんどん侵入してついに破裂してしまいます（図9・4）。これが「溶血現象」で，ヘモグロビンの定量の際にはこうして血球を壊して均一な溶液にしてから測らなくてはなりません。逆に高濃度の食塩水などを用いると，今度は外液の浸透圧が高いので，赤血球の内部の水は絞り出されてデコボコになってしまいます。この現象は「エキノシス」などと呼ばれます。海水脱塩や果汁濃縮などでは，加圧しても大丈夫な半透膜を用いて，圧力を印加して水分を絞り出しますが，これが「逆浸透」処理です。

非電解質の1モル水溶液の浸透圧は，上の式に代入すると簡単に計算できます。ヒトの体温（37℃，つまり310 K，気体定数として0.08205 L atm K^{-1} n_i L^{-1}を使って求めてみると，およそ25気圧ぐらいになります。血液の浸透圧はこの30%ぐらい，つまり7.5気圧ほどです。生理食塩水の浸透圧もこれに合わせてありますが，ファントホッフ係数が食塩の場合には2ですから0.15 mol L^{-1}，つまり約0.9%ほどになることがわかります。

私たちの腎臓の中では，血液中から老廃物を排泄するためにこの浸透のメカニズムが巧みに動いています（図9・5）。腎動脈から糸球体へと血液が送られてくると，ここで血液中の水分とともに老廃物が逆浸透によって除かれます。つまりこの糸球体を作っている膜は不完全な半透膜なので，水と一緒に老廃物を血液から除去してくれるのです。ここで作られた液体は「原尿」と呼ばれるものですが，これはさらに尿細管を通過するときに，大部分の水分が再び浸透によって血管中に戻り，老廃物を濃縮したものが尿として残ることになります。このときにも水分以外の低分子物質の再吸収が起こるので，カリウムイオンや尿酸などは再び血液中に戻されてしまいます。高尿酸血症の場合に，この再吸収を妨げる機能を持つ薬剤が処方されるのは，ここで尿酸分を尿中に留めて血液

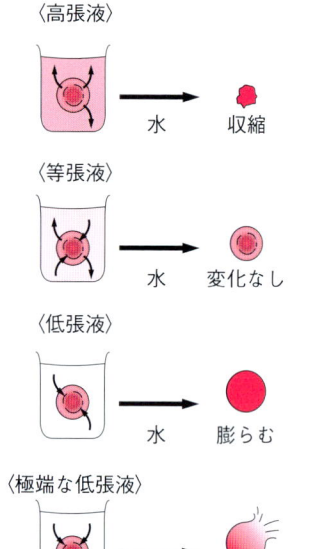

図9・4 赤血球の溶血現象

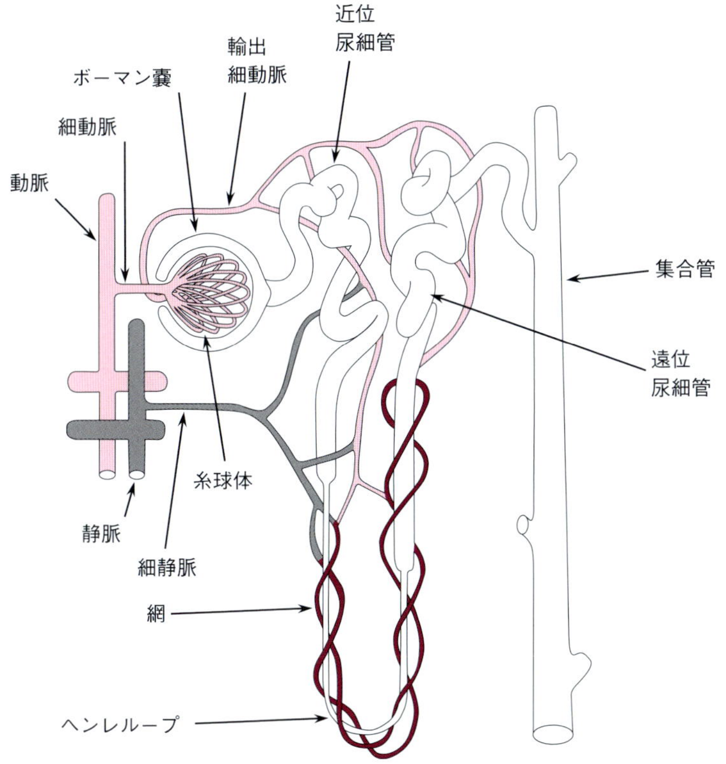
近位
尿細管
輸出
細動脈
ボーマン嚢
細動脈
動脈
集合管
遠位
尿細管
糸球体
静脈
細静脈
網
ヘンレループ

図 9・5 腎臓のはたらき

中に戻らないようにして，血中濃度を下げるためなのです。

この浸透圧は，半透膜を隔てた濃い溶液の側と薄い溶液の側で化学ポテンシャルが異なるために生じているということでもあります。

章 末 問 題

9.1 容量分析で酸化還元滴定を行う際，ビュレットに入れる標準溶液の多くは酸化剤が選ばれています。なぜでしょうか。

9.2 多くの消毒剤は同時に酸化剤です。ですが，多種多様な消毒剤がそれぞれに使い分けされているのはどのような理由なのでしょうか。

9.3 本多・藤嶋効果は，光のエネルギーを利用して水を分解できる極めてユニークな現象です。ところが数年以前，もっと簡単な装置で水を水素と酸素に分解し，これによって電気エネルギーを得て自動車を動かすという話があり，某党の代議士や経済界のお偉方を巻き込んだ話題となりました。諸兄姉ならこれがインチキであることがすぐおわかりですね。なぜイカサマなのか，後輩にもわかるように説明してごらんなさい。

9.4 水溶液中では，Mn(III) や Cu(I) のイオンは不安定で，どちらも容易に不均化してしまいます。生成物はそれぞれどうなるでしょうか。

9.5 メタンを燃やして二酸化炭素になるときの熱エネルギーをわれわれが利用しているわけです。このときの炭素の酸化数の変化はどうなっているでしょうか？

第10章 周期律と簡単な無機化学

本章のポイント

無機化合物の役割／ヒトの微量元素／周期表の変遷／無機化合物の簡単な命名法

10-1 無機化合物の重要性

医療や消毒などに使用される化学物質のほとんどは**有機化合物**なのですし，一方では「化学薬品などはキケンなのだから，古来の伝統のある漢方薬（生薬）だけが安全なのだ！」という論陣を張られる自称大権威が世の中には結構多数居られます。そのために**無機化学**など重要性が低いものと信じ込まされている人間は結構多いのだそうです。でもこの面々が金科玉条（？）としている「漢方薬」の大部分は，実は平安時代から江戸時代にかけてのわが国の医師たちが経験を元に定量化し，処方なども厳密化してきた成果なのです。ですから「和方薬」を名乗った方がふさわしいものだってあるのですが，どこかのお国と違って創始国を大事にしているわが国のこと，相変わらず「漢方」と呼んでいます。ただ，この処方の定量化は，ご本家の方では各地の薬科大学の先生方の努力にもかかわらずなかなか進まず，いまでもかなり任意な配合で済ませ，そのために結構な副作用が生じているらしいのですが，命あっての物種ということなのか，みんなあまり気にもしていないのだそうです。

原料となる生薬も，普通の人は草根木皮など植物性のものばかりだと思っていますが，動物質のもの（麝香や蟾酥（ガマの油）など）も，鉱物質のもの（牡蠣，無名異，鍾乳石など）もたくさんあるのです。

今では昔ほどには見なくなりましたが，以前には新聞などの死亡通知に「薬石効なく逝去仕り候」というような表現がありました。この「薬」は植物性のクスリ，「石」は鉱物性のクスリを指していました（♠）。「五石散」などという滋養強壮薬が，後漢から唐の時代にかけて王侯や貴族，文人たちに愛用されたという記録が残っていますが，これは明らかに五種類の鉱物を原料としたものでした。

現在でも，牡蠣はカキの殻を粉砕，水簸（次頁コラム参照）して作ったかなり純粋な炭酸カルシウムですし，無名異（◆）は沼鉄鉱，つまり水酸化鉄の特別な形をしたものですが，カルシウム分や鉄分の不足によ

♠ ところが，鍼灸医療方面ではこの「石」はその昔使用した石製の針（鍼）のことだと教えているらしいのです。これだと時代的にはおかしいのですが，そちらでは定説になっているようです。

◆ 無名異は別名を「禹余糧」といいます。古代の賢帝の禹（夏王朝の始祖）が天下各地をめぐった際，食べ残した食糧（にぎりめし？）の化石化したものだと思われてこの名がついたということです。

> **コラム**
>
> ### 水 簸(ひ)
>
> 大きさの異なる粒子の混合物を水に懸濁させて,沈降速度の違いを利用して粒子の大きさごとに分ける操作をいいます.これはいわゆる「重箱読み」ですが,何百年も前からずっとこの読み方が使われています.
>
> 今の貝殻の粉末から胡粉(ごふん)(岩絵具や日本人形などの材料)を調製するためには上澄みに近い微細粒子を集めます.生薬の牡蠣(ぼれい)もカキの貝殻を磨砕して水簸により調製するのが定法となっています.陶磁器の製造などでの素地の材料となる陶土の精製には欠かせない操作となっています.

る症状に対して,何千年もの昔から経験的に処方されてきたのです.海帯(昆布のことです)も,日本と違って海から遠い大陸の奥地では,ヨウ素分の不足による甲状腺腫(こうじょうせんしゅ)が多発する区域が多いので,ヨウ素の補給のための文字通り舶来の高貴薬として珍重されてきました.

江戸時代に日本には蘭学が入ってきて,それに伴ってオランダ風の医学(17世紀から18世紀にかけての時代,オランダの医学はヨーロッパでもかなり高いレベルにありました)が長崎の出島経由で導入されました.もちろん当時の医学者は何でもこなさなくてはならなかったので,今日の内科や外科のみならず,薬学や化学,さては物理学の一部までが守備範囲でありました.なかでもライデンのブールハーヴェ一門の医学者の中には,今日の化学や植物学などの方面に大きな貢献をした科学者が少なくありません.

この時代では,16世紀のパラケルスス以降の「医療化学(イアトロ化学)」の流れが連綿と続いていて,そのために,以前なら猛毒だと信じられて,実地の医療から敬遠されていた無機の物質を,いろいろな難病に対処するために実際に患者の治療に用い,そのなかで成功を収めたものだけが選ばれて以後に伝えられてきたのです.もちろん現在ではもっと少量で有効に効力を発揮し,副作用が軽減できるものが登場してきています.

10・2 人体の構成元素

通常は体重70 kgのヒトについてのデータとしてまとめられています(表10・1).

このうち,酸素から窒素までの四元素と硫黄は,人体を構成している有機物や血液,組織液などの成分にほかなりません.ですがカルシウムとリンは骨や歯の成分,それからあとの元素は,いわゆる「電解質元素」と呼ばれるものです.実は血液中にはカルシウムイオンやリン酸の

表 10・1　人体を構成している元素組成

元素	重量 (g)	体重に対する重量 (%)
酸素	43,000	61
炭素	16,000	23
水素	7,000	10
窒素	1,800	2.6
カルシウム	1,000	1.4
リン	780	1.1
硫黄	140	0.20
カリウム	140	0.20
ナトリウム	100	0.14
塩素	95	0.12
マグネシウム	19	0.027

ICRP Publication 23, Report of the Task Group on Reference Man (1974), p.327 より.

イオンも溶解しているので，これも電解質元素に含める必要が本来ならあるのですが，これは時と場合によってかなり流動的なようです．ここに掲げられていない重要な元素としては，鉄だとかモリブデン，フッ素，亜鉛など多数あり，これらは一括して「**微量元素**」と分類されることになっています．この中にはまだどのような機能を果たしているのかよくわからないものも少なくありません．中には，以前は有害無益と考えられていたものが，実は生存に不可欠な「**必須元素**」だと判明した例も少なくないのです．過剰に摂取すると有害となるのは，表 10・1 に掲げた「人体の構成元素」に含まれるものでも同じように見られます（例えば，ナトリウムの摂取過多は高血圧症などの循環器系の疾患の遠因となることはご存じでしょう）．

10・3　周 期 表

上記の人体の構成元素は，百種以上もある元素の中でのごく一部でしかありません．それもある特定のものに限られています．これは**周期表**の上で調べてみると，本当に限られたものであることがわかります．生命体は限られた材料を最大限に活用して今日の生物圏を作り上げたといえるでしょう．本当は微量元素も同じように周期表の上にランクをつけて並べてみるとおもしろいのですが，じつは微量元素のデータはまだ確実性に問題があるものも少なくないので，むしろ将来の興味あるテーマかも知れません．

現在のテキスト類はほとんどがいわゆる「**長周期型の周期表**」を採用し，族名もアラビア数字に統一されていますが，実業界ではまだ昔風の（メンデレーエフ以来の）**短周期型の周期表**も根強く生き残っていま

す。これは酸化数（価電子数）がすぐにわかるという実用上の大きな長所があるためで、物理化学者の用途とは別の便利さが買われているのです。例えば電子工学や半導体の分野では「Ⅲ-Ⅴ族化合物半導体」などという用語が広く使われていますが、これはヒ化ガリウム（GaAs）や窒化ガリウム（GaN）などのように、短周期型周期表でのⅢ族元素とⅤ族元素の化合物であることを意味しています。

化学の活躍している分野は理論物理化学だけではありませんから、ほかの方面において使われているシステムも、ひとわたりは馴染んでおく方がよろしいでしょう。

表10・2 はメンデレーエフが最初に提案した周期表で、いわゆる「短周期型周期表」です。彼がこのアイディアを思いついた時点では、まだ希ガス元素は一つも発見されていませんでしたから、第0族は組み込まれていません（♠）。この時代は、添字も上ツキが使われました。

現代風にもう少しわかりやすく直したものも紹介しておきましょう（表10・3）。これは希ガスもきちんと組み込まれています。

この短周期型の周期表では、族の番号を示すローマ数字はもともと可能とされる最大原子価（酸化数）を意味していました。なお、ここでの副族（A, B）の区別は、大先生方がそれぞれに主張されているのが様々だったので、諸兄姉がご覧になっても一見してはわからないかも知れませんが、その折りには長周期型の周期表と対照されればおわかりになるかと存じます。

長周期形周期表として普通に見られるのは表10・4のようなもので

♠ ですから、「原子番号順に元素を並べた結果として周期表ができた」という物理学者のご託宣が真っ赤なウソであることがわかります。

表10.2　メンデレーエフの短周期型周期表

Reihen	Gruppe I — R^2O	Gruppe Ⅱ — RO	Gruppe Ⅲ — R^2O^3	Gruppe Ⅳ RH^4 RO^2	Gruppe Ⅴ RH^3 R^2O^5	Gruppe Ⅵ RH^2 RO^3	Gruppe Ⅶ RH R^2O^7	Gruppe Ⅷ — RO^4
1	H = 1							
2	Li = 7	Be = 9,4	B = 11	C = 12	N = 14	O = 16	F = 19	
3	Na = 23	Mg = 24	Al = 27,8	Si = 28	P = 31	S = 32	Cl = 35,5	
4	K = 39	Ca = 40	— = 44	Ti = 48	V = 51	Cr = 52	Mn = 55	Fe = 56, Co = 59, Ni = 59, Cu = 69.
5	(Cu = 63)	Zn = 65	— = 68	— = 72	As = 75	Se = 78	Br = 80	
6	Rb = 85	Sr = 87	?Yt = 88	Zr = 90	Nb = 94	Mo = 96	— = 100	Ru = 104, Rh = 104, Pd = 106, Ag = 108.
7	(Ag = 108)	Cd = 112	In = 113	Sn = 118	Sb = 122	Te = 125	J = 127	
8	Ca = 133	Ba = 137	?Di = 138	?Ce = 140	—	—	—	— — —
9	(—)							
10	—	—	?Er = 178	?La = 180	Ta = 182	W = 184	—	Os = 195, Ir = 197, Pt = 198, Au = 199.
11	(Au = 199)	Hg = 200	Tl = 204	Pb = 207	Bi = 208	—	—	
12				Th = 231		U = 240	—	— — —

第10章　周期表と簡単な無機化学

表10・3　短周期型周期表の例

	I A	I B	II A	II B	III A	III B	IV A	IV B	V A	V B	VI A	VI B	VII A	VII B	VIII			0
1	1 H																	2 He
2	3 Li		4 Be		5 B		6 C		7 N		8 O		9 F					10 Ne
3	11 Na		12 Mg		13 Al		14 Si		15 P		16 S		17 Cl					18 Ar
4	19 K		20 Ca		21 Sc		22 Ti		23 V		24 Cr		25 Mn		26 Fe	27 Co	28 Ni	36 Kr
		29 Cu		30 Zn		31 Ga		32 Ge		33 As		34 Se		35 Br				
5	37 Rb		38 Sr		39 Y		40 Zr		41 Nb		42 Mo		43 Tc		44 Rh	45 Rd	46 Pd	54 Xe
		47 Ag		48 Cd		49 In		50 Sn		51 Sb		52 Te		53 I				
6	55 Cs		56 Ba		57-71 La		72 Hf		73 Ta		74 W		75 Re		76 Os	77 Ir	78 Pt	86 Rn
		79 Au		80 Hg		81 Tl		82 Pb		83 Bi		84 Po		85 At				
7	87 Fr		88 Ra		89-103 Ac													

ランタノイド族	57 La	58 Ce	59 Pr	60 Nd	61 Pm	62 Sm	63 Eu	64 Gd	65 Tb	66 Dy	67 Ho	68 Er	69 Tm	70 Yb	71 Lu
アクチノイド族	89 Ac	90 Th	91 Pa	92 U	93 Np	94 Pu	95 Am	96 Cm	97 Bk	98 Cf	99 Es	100 Fm	101 Md	102 No	103 Lr

表10・4　長周期型周期表

	1	2	3	4	5	6	7	8	9	10	11	12	13	14	15	16	17	18
1	1 H																	2 He
2	3 Li	4 Be											5 B	6 C	7 N	8 O	9 F	10 Ne
3	11 Na	12 Mg											13 Al	14 Si	15 P	16 S	17 Cl	18 Ar
4	19 K	20 Ca	21 Sc	22 Ti	23 V	24 Cr	25 Mn	26 Fe	27 Co	28 Ni	29 Cu	30 Zn	31 Ga	32 Ge	33 As	34 Se	35 Br	36 Kr
5	37 Rb	38 Sr	39 Y	40 Zr	41 Nb	42 Mo	43 Tc	44 Ru	45 Rh	46 Pd	47 Ag	48 Cd	49 In	50 Sn	51 Sb	52 Te	53 I	54 Xe
6	55 Cs	56 Ba		72 Hf	73 Ta	74 W	75 Re	76 Os	77 Ir	78 Pt	79 Au	80 Hg	81 Tl	82 Pb	83 Bi	84 Po	85 At	86 Rn
7	87 Fr	88 Ra		104 Rf	105 Db	106 Sg	107 Bh	108 Hs	109 Mt	110 Ds	111 Rg	112 Cn	113 Uut	114 Fl	115 Uup	116 Lv		

57 La	58 Ce	59 Pr	60 Nd	61 Pm	62 Sm	63 Eu	64 Gd	65 Tb	66 Dy	67 Ho	68 Er	69 Tm	70 Yb	71 Lu
89 Ac	90 Th	91 Pa	92 U	93 Np	94 Pu	95 Am	96 Cm	97 Bk	98 Cf	99 Es	100 Fm	101 Md	102 No	103 Lr

す．これは本書の表見返しにあるものと同じスタイルです．

　内部遷移元素（f電子の充填による）は通常は別枠になっていますが，これを同じように組み込んで作るといわゆる「超長周期型周期表」が出来ます．つまり**表10・5**のようになるわけで，これではあまり便利とはいえません．かえってなかなか見にくいものになってしまいます．

10・3 周期表

表 10・5　超長周期型周期表

1 H																	2 He
3 Li	4 Be											5 B	6 C	7 N	8 O	9 F	10 Ne
11 Na	12 Mg											13 Al	14 Si	15 P	16 S	17 Cl	18 Ar
19 K	20 Ca	21 Sc	22 Ti	23 V	24 Cr	25 Mn	26 Fe	27 Co	28 Ni	29 Cu	30 Zn	31 Ga	32 Ge	33 As	34 Se	35 Br	36 Kr
37 Rb	38 Sr	39 Y	40 Zr	41 Nb	42 Mo	43 Tc	44 Ru	45 Rh	46 Pd	47 Ag	48 Cd	49 In	50 Sn	51 Sb	52 Te	53 I	54 Xe
55 Cs	56 Ba	57 La	58 Ce	59 Pr	60 Nd	61 Pm	62 Sm	63 Eu	64 Gd	65 Tb	66 Dy	67 Ho	68 Er	69 Tm	70 Yb	71 Lu	72 Hf
73 Ta	74 W	75 Re	76 Os	77 Ir	78 Pt	79 Au	80 Hg	81 Tl	82 Pb	83 Bi	84 Po	85 At	86 Rn				
87 Fr	88 Ra	89 Ac	90 Th	91 Pa	92 U	93 Np	94 Pu	95 Am	96 Cm	97 Bk	98 Cf	99 Es	100 Fm	101 Md	102 No	103 Lr	104 Rf
105 Db	106 Sg	107 Bh	108 Hs	109 Mt	110 Ds	111 Rg	112 Cn	113 Uut	114 Fl	115 Uup	116 Lv						

> **コラム**
>
> **超長周期型周期表の視覚化**
>
> 　この超長周期型周期表を巧みに視覚化したものがありますのでご紹介しておきましょう．別府温泉の案内ウェブページである「八湯チャンネル」(http://www.8toch.net/) というサイトの中に「はちべん」という勉強用の頁があり，そのなかに「検見洲市地図」というものがあります．元素それぞれは，かなり凝ったダジャレを含む町名になっていて，中の街路や建築物などにはそれぞれの元素の諸性質が巧みに採録されています．あまりに横長なのでプリントするのはちょっと無理ではありますが，一見の価値がありますので可能ならばアクセスしてご覧ください．

> **コラム**
>
> **ランタノイドとランタニド**
>
> 　ランタノイド，アクチノイドというのは教科書的表現（もともとは IUPAC 方式）なのですが，実用上はランタニド（元素），アクチニド（元素）のような表現がよく用いられます．これは，化学においては「-oid」という語尾は「○○モドキ」の意味で使われることの方がずっと多い（アルカロイド，メタロイド，ステロイド，プロスタノイドなど）ので，この中にランタンやアクチニウムを含めた使い方にはやはりプロの間には評判が悪かったためです．ついに IUPAC も 1999 年にこの「lanthanide」の使用を認めたのですが，わが国の学術用語集は昔通りのままなので，テキスト類と実社会の間の乖離がまた増えたことになるかも知れません．

　ただ，周期表はそれこそ万国共通の知識として活用されているので，いろいろとオアソビのタネともなっています．京都の化学同人から出ている月刊誌『化学』の増刊号「ケミストを魅了した元素と周期表」(2013)の中に，岡山理科大学の坂根弦太先生がおもしろい変わり種の周期表をいろいろと紹介しておいでですから，興味のある方は一見の価値があろうかと存じます．このほかに海外のウェブサイトにもいろいろと変化に富んだものがあります（中にはいささか凝りすぎに見えるものも多いのですが）．坂根先生のブログ (http://ameblo.jp/gsakane/) にも，ご自分で作られた面白いものがいくつも載っています．

10・4 簡単な無機化合物の命名方法

化学式と化合物名（系統名（組織名））との対応がきちんとつけられれば，誤った情報を信じ込まされる確率は大幅に減少します。とりあえず簡単な例だけでもこれが可能なら，あとは各自類推によってカヴァーする範囲を拡げて行けばよいのです。

普通目にする一番簡単な無機化合物は，二種類の元素より構成されているものです。よく二成分系化合物，または二元化合物（binary compound）といいます。非金属元素同士の二元化合物の場合には，成分原子比が異なるものが存在することが少なくないので，この場合にはきちんとわかるような命名システムが採用されています。例えば炭素の酸化物だと，CO（一酸化炭素），CO_2（二酸化炭素）のようにして区別するのです。つまり名称から成分比がわかるのです。この場合，電気的に陰性の元素が前に来るようにして「〇〇化△△」のようになるのですが，この「電気的に陰性」というのは，電気陰性度の大きい方を指します（第5章表5・2（40頁）に示した「ポーリングの電気陰性度の表」をご参照ください）。窒素の酸化物などいろいろなものがありますから，成分比がわかるように「二酸化窒素（NO_2）」「四酸化二窒素（N_2O_4）」，「五酸化二窒素（N_2O_5）」のようにして区別します。

英語やドイツ語では，「carbon monoxide（一酸化炭素）」「dinitrogen tetroxide（四酸化二窒素）」のように日本語とは語順が逆になっていますが，フランス語やイタリア語などのラテン系の言語では日本語と同じようになっています。

このとき，元素の語幹に「-化」をつけて，こちらの方が電気的に陰性であることを表します。英語なら「-ide」の形の語尾です。「元素の語幹」というのはちょっとわかりにくいかも知れませんが，そもそも漢字で元素名を記したとき，最初の一字を使うという意味だったのです。いまはヒ素やリン，ケイ素のように交ぜ書きになっていますが，本来は「砒素」「燐」「珪素」のような字でしたから，砒化物とか燐化物，珪化物のように書かれていたのです。

一方が金属元素の場合なら，こちらの方が電気的に陽性ですから，同じような呼び方で，「塩化ナトリウム（NaCl）」「ヨウ化カリウム（KI）」「塩化カルシウム（$CaCl_2$）」のようになります。典型元素の場合，取り得る原子価（酸化数）が一通りしかないことが多いので，「二塩化カルシウム」とか「三フッ化アルミニウム」のように数を記すことは特別な場合以外はしません。ところが，遷移金属元素の場合には酸化数をいくつも取り得るので，その区別のためには塩化鉄(II)（$FeCl_2$），塩化鉄(III)

（FeCl$_3$）のように酸化数を括弧付きのローマ数字で記す方法が採られます。これは「ストック方式」というシステムですが，その昔は「塩化第一鉄」「塩化第二鉄」というような名称が使われました。これは英語だと「ferrous chloride」「ferric chloride」にあたるので，「-ous」「-ic」はそれぞれ原子価（酸化数）の低い方と高い方を表現していたのです。でも化学の研究が進展すると，取り得る酸化数の種類が二つだけという元素はむしろ珍しいケースで，もっといろいろな酸化数が出現するので，これでは不満足だということになり，次第にすたれてしまいました。でも工業現場などでは，時として昔風のこの「第一鉄」「第二銅」方式が使われることがあります。ただ「第一〇〇」「第二〇〇」といっても酸化数が同じとは限らないので（♠），大事な化合物名の場合，誤りの可能性を少しでも減らす必要があるでしょう。

このような古風な系統的名称で，今でも目にすることが比較的多いのは，塩化第一スズ（SnCl$_2$）と塩化第二スズ（SnCl$_4$），塩化第一水銀（Hg$_2$Cl$_2$）と塩化第二水銀（HgCl$_2$）ぐらいでしょうか。やはり工場や医療などの現場で以前から永年使われてきている命名システムは，いくら国際的な取り決めが改訂されてもそう簡単には改革できないのです。

現在の，二成分系の化合物での化学式と名称の対応を下にまとめておきましょう。

　　　化学式　　　　　NaCl
　　　英語名　　　　　sodium chloride

　　　日本語名　　　　塩化ナトリウム
　　　慣用名　　　　　食塩

この次によく目にするのは三成分系の化合物なのですが，そのほとんどは酸素酸の塩類ということになります。硫酸や硝酸，リン酸，塩素酸などの塩は比較的お馴染みのものです。例えば硫酸カルシウム（CaSO$_4$）や塩素酸カリウム（KClO$_3$）など，それぞれは硫酸（H$_2$SO$_4$）や塩素酸（HClO$_3$）の塩であることがすぐわかります。

ところが，「酸化塩素カリウム」とか「酸化硫黄カルシウム」が正しい名称だと思っている向きが結構おいでなのです。このような表現は今から二百何十年もの昔なら辛うじて許された表現だったと思われますが，これでは化合物名を正しく伝達することが出来ません。物質名の情報が誤って伝えられると，時には生命に関わるのです（◆）。

こちらも上と同じように化学式と名称の対応を図示しておきましょう。

♠　これも程度の低い受験教師のせいだと思うのですが，「第一〇〇」はすべて二価の化合物だと覚え込んでいる学生さんが結構おいでなのです。

◆　病院などではお医者様が任意の略称で呼んだりしますので，よく似た名前が多い新薬の場合など，本当に危険が一杯なのだそうです。

化学式　　　KClO₃ は $KClO_3$

化学式　　　$KClO_3$
英語名　　　potassium chlorate
日本語名　　塩素酸カリウム
慣用名　　　塩剥（エンボツ，またはエンボツと読むようです）

　硫酸カルシウム（石膏）と硫化カルシウムをよく間違える学生さんがいます。これは海の向こうでも同じようで，英語だとそれぞれ「calcium sulfate」「calcium sulfide」と語尾がちょっと違うだけなのですが，「一字ぐらい違ったっていいじゃないの，プロならわかってくれるでしょ。キニシナーイ」では困るのです。今は昔ほど使われなくなりましたが，手足を骨折したあとの固定用に使うのは焼石膏，つまり「硫酸カルシウム」でなくてはダメで，硫化カルシウムの用途は皮革処理などに使う「脱毛剤」なのです（♠）。あんまり「命名法なんてツマンナイ」なんてバカにしてはいけません。まして臨床や看護などひとさまの生命を預かる重要な業務の場合，化合物名の間違いは時として生命にも関わることだってあるのです。

　輸液用に使うリンゲル液（リンガー液）の調製にはいくつかの処方がありますが，標準的なもの（日本薬局方）は右のようになっています。この名称から化学式がすぐに書けるようになっていれば，たとえ日本語がわからない外国に行っても同じように仕事が可能となるでしょう。

♠　石膏のつもりで硫化カルシウムを手にし，そのあとの指で頭にでも触ったら，ご自慢の黒髪がどんどん抜けてツルッパゲになっても自業自得です。

〈リンゲル液の製法〉

塩化ナトリウム	8.6 g
塩化カリウム	0.3 g
塩化カルシウム	0.33 g
注射用水	適量
全量	1000 mL

章末問題

10.1 普通のテキストにある周期表では，水素の位置は第1族の最上段になっています。ですが，以前のものではフッ素の上，あるいは第5章の電気陰性度の表にあるように炭素の上を占めている周期表もありました（今でも時と場合によってはこちらを採用する向きもあるようです）。それぞれの位置に置かれる理由について，考えるところを記してごらんなさい。

10.2 次の化学式に対応した化合物名を書きなさい（もしできれば英語でも）。
　　　　$CsBr$, $Ca_3(PO_4)_2$, ZrO_2, UO_3, $CdSe$, MoS_2

10.3 次の化合物名に相当する化学式を書いてごらんなさい。
　　　　ヨウ化カリウム，臭化ラジウム，硫酸カドミウム，
　　　　ヨウ素酸カリウム，六フッ化タングステン，二酸化チタン

10.4 第12族の元素（亜鉛，カドミウム，水銀）は，わが国の高校のテキストでは遷移金属元素には含めず，典型元素として扱っています。しかし実際には遷移金属元素の一員として扱うことの方が多いのはどうしてでしょうか。

10.5 航空機の客室に常備されている酸素マスク。どのようなカラクリで酸素を供給できるのか調べてごらんなさい。

10.6 漆器の着色に白色が用いられるようになったのは比較的新しいことだというのですが，どのような新しい顔料が用いられているのでしょうか。

第11章 有機化学の手ほどき ── その1 ──

> **本章のポイント**
> 有機化合物の分類（脂肪族化合物・脂環式化合物・芳香族化合物）／官能基による特性の違い（アルコール・エーテル・アルデヒド・ケトン・カルボン酸）

現在知られている（報告されている）化合物の数はおよそ数千万種あります。これほど多種多様なものの大部分は**有機化合物**なのですが、受験化学のカリスマ教師たちが宣うように、「化合物名の暗記」などを後生大事にあがめ奉る必要などないのです。大部分の場合には、基礎となる名称づけのシステムがあり、あとはこれにいろいろな原子団（**官能基**といいますが）を結合させる方式で名前をつけて行くことになります。もちろんこのようにしてつけた名称が寿限無方式に長たらしいものとなると、必然的に短縮形や俗称が出現し、これの使用頻度が大きくなると新しい「骨格名」となって、これをまた基本として新しいシリーズが出来ることも過去に何度かありました。

でも大元の名称の付け方がそれほど変化したわけではないので、諸兄姉にはまず、複雑な有機化合物のジャングルに分け入るためのガイドとして、本当の基礎的な名前の付け方を紹介しておきましょう。

何度も繰り返すようですが、化学は暗記物ではありません。わからなくなったら、手元に参考資料を準備しておいて引けばいいのです（♠）。

それでも不足なら、先輩や恩師にお伺いを立てるなり、信頼の置ける資料を検索するなりすればよろしい。ネットなど由来の不正確な情報をいくら披露してもちっとも役に立たないのです。下手すると「アイツのいうことなんかデタラメで信用できない」なんて評判が立ってしまったら、将来は真っ暗になります。

ただ、さる製薬会社のOBが述懐されたことですが、「新入社員の中にはもの探し（もちろん専門の情報についてです）の能力が著しく不足している面々が見受けられるようになった。これはどうも母校での教育システムによるところが大きいようである」というのです。

受験本と違って、大学のテキストのほとんどは、大事な情報の集大成としての性格を持っています。ですから将来の手引きともなるように考えて作られていますし、さらにもっと厄介な捜し物をするときにもヒントとなるような記載が必ずあるもので、「そういえばあの本のどこかに

♠ 周りの上司や同僚だって、あなた方の頭の中にそんなに沢山の知識が詰まっているなんて思っていません。わからないものの探し方こそが大事なのです。

◆ もっともこれは，「学」より「術」のウェイトが大きい語学や体育，芸術などの方面では必ずしもそうなっていないようです。これはむしろ「身体」が反射的に動けるように記憶させなくてはいけないからでもあります。

あったはず」というぐらいの記憶でも，もの探し（難しくいえば「学術情報検索」）の場合には大きな助けとなることが少なくありません（◆）。

11・1 大まかな分類

有機化合物は，大まかに分けると「脂肪族化合物」「脂環式化合物」「芳香族化合物」のようになります。それぞれについては厳密な定義をすると大変に面倒なこととなるのですが，とりあえずおおよその所を記しておきましょう．

脂肪族化合物

脂肪族化合物は，もともとが英語の「aliphatic compounds」に対応していますが，炭素骨格が連なった炭化水素の鎖を骨格として，これにいろいろな官能基が結合したタイプ（誘導体）のものです。このうちで最も基本となるのはまっすぐな鎖（直鎖構造）のものですが，枝分かれのある炭化水素も多数知られているので，これから派生した名称と構造ときちんと対応がつけられるようにさえなっていれば，棒暗記の必要などありません。これらの組成は C_nH_{2n+2} のように表すことが出来ます。下の脂肪族炭化水素（パラフィン系炭化水素，アルカンともいいます）のリストをご覧になればおわかりだろうと思います。これらの名称をあわせて表にしました。必要に応じて参照されているうちに独りでに身についてしまうものです。炭素の数が少ないものは，もともとの構造などがわかる前に命名されてポピュラーになってしまった名称が通用していますが，炭素数が4より多くなるとギリシャ語の接頭辞を利用した名称となってくることがわかります。ギリシャ語の数を表す接頭辞については，第1章の表1・2（2頁）に示しておきました。でも炭化水素名はところどころラテン系の数詞とごたまぜになっている部分もありますので，注意が必要です。このような混乱は，欧米の学者先生も結構不勉強だったため，入り乱れての使用がまかり通ってしまったためだということです。もちろん昔も老先生方は，「今どきの若い連中は不勉強だ。実に嘆かわしい！」とお怒りになったそうですが。

パラフィン系炭化水素（アルカン）

CH_4	メタン	methane
C_2H_6	エタン	ethane
C_3H_8	プロパン	propane
C_4H_{10}	ブタン	butane
C_5H_{12}	ペンタン	pentane

C_6H_{14}	ヘキサン	hexane
C_7H_{16}	ヘプタン	heptanes
C_8H_{18}	オクタン	octane
C_9H_{20}	ノナン	nonane
$C_{10}H_{22}$	デカン	decane
$C_{11}H_{24}$	ウンデカン	undecane
$C_{12}H_{26}$	ドデカン	dodecane

炭素数が9以上になると、ギリシャ語とラテン語の接頭辞が混じってくることがわかります。$C_{11}H_{24}$ はその昔は「ヘンデカン」とギリシャ語式の名称だったのですが、かなり以前からウンデカンになっています。

脂肪族炭化水素や次に出てくる脂環式炭化水素からプロトンを1個取り除くと一価の原子団（基といいます）ができます。これらはアルキル基、シクロアルキル基のように呼びますが、英語の炭化水素名の語尾が「-ane」だったら、これを「-yl」に変えた名称で呼ばれます。メタン（methane）→ メチル（methyl）基といった具合です。

脂肪族炭化水素からプロトンを2個だけ減らすと C_nH_{2n} という組成の炭化水素が出来ます。これは二重結合 >C=C< を一つ含む場合、つまりオレフィン系炭化水素（単にオレフィンともいいます（◆））と、環状構造を作ったもの（こちらは脂環式炭化水素）です。脂環式炭化水素はおおむね鎖状構造の脂肪族炭化水素とよく似た挙動を示しますが、オレフィンは少し違い、この二重結合部分に付加反応を起こしたり、重合して巨大分子を作ったりするので、化学工業原料としても極めて重要です。プラスチックの分類に「ポリエチレン」とか「ポリプロピレン」のように炭化水素名の前に「ポリ」がついているものが身近に見られることからもおわかりでしょう。

◆ 先のアルカンに対してアルケンと呼ぶこともよくあります。

簡単なオレフィンの組成と名称のリストを下（次頁）に示しておきます。炭素数が多くなると、アルカンの名称の語尾を「-ane」から「-ene」に置き換えた形のものが主となります。アルケンという名称もここから来ています。二重結合が二つあると「-diene」、三つあると「-triene」のように語尾が変化します。合成ゴム（ブナゴム）やABSプラスチックの原料である「ブタジエン」（◆）は、英語のスペルは「butadiene」ですが、ブタン（C_4H_{10}）骨格に二重結合が二つ含まれるものであることが、名前（buta-di-ene）からもわかります。

◆ ブタジエンの構造式
$CH_2=CH-CH=CH_2$

なお、二重結合がいくつもある場合、普通には間に一つ以上の単結合が含まれるのが普通です（隣接した >C=C=C< のような構造単位を持つ化合物もありますが、極めて珍しい部類に属します）。間の単結合が一つの場合には「共役二重結合」が出来ているので、上記のブタジエ

ンや天然ゴムの構成単位であるイソプレン（2-メチルブタジエン）などはどちらも共役二重結合化合物です。ニンジンの赤色色素であるカロテン（以前はカロチンと呼んでいました）は多数の共役二重結合を含む化合物の典型であります。共役二重結合はπ電子の広がりがあるので，中間の単結合を含めた平面構造が安定となる傾向があります。

オレフィン系炭化水素（アルケン）

C_2H_4	エテン，エチレン	ethene, ethylene
C_3H_6	プロペン，プロピレン	propene, propylene
C_4H_8	ブテン，ブチレン	butene, butylene
C_5H_{10}	ペンテン	pentene
C_6H_{12}	ヘキセン	hexene
C_7H_{14}	ヘプテン	heptene
C_8H_{16}	オクテン	octene

炭素数の少ない（4以下の）ものは，昔風の，エチレン，プロピレン，ブチレンの方がよく使われています。プラスチックなどでも「ポリプロピレン」のような名称が普通です．でもそれより長い鎖のものは系統的な名称の方がほとんどです。炭素数5のものは昔風にはアミレン（amylene）といったのですが，現在の文献ではほとんど見ることもなくなりました。

オレフィンの場合，プロトンを1個外した原子団は「アルケニル基」で，語尾の「-ene」が「-enyl」になります。炭素数2の場合だけは，系統的名称だと「エテニル」基となるはずですが，イギリスのハイスクールのテキスト以外ではこの名称を見ることは珍しく，普通には「ビニル（vinyl）」基です。プラスチックの原料となる塩化ビニルや酢酸ビニルなどでお馴染みのものです。

さて，アルキル基にあとで示すいろいろな官能基が結合して，多彩な化合物が出来てくるわけですが，この炭素骨格は結構丈夫なので，官能基をほかのものに置き換えるためのいろいろな化学反応をさせても不変のことが多いのです。

脂環式化合物

炭素が環状構造を作っている炭化水素群は，大きく分けて二種類，脂環式化合物と芳香族化合物になります。不飽和結合を含まない，あるいは含んでいても共役していなかったり，π電子の数が$4n+2$になっていないものは「**脂環式炭化水素**」と呼ばれるのです。こちらは炭素数の小さいもの以外は平面ではなく王冠状の環を作っています。脂環式の炭化水素のいろいろな性質は，鎖状構造のアルカン類と類似した点が多い

のですが，触媒反応で脱水素を行わせると芳香族化合物に変化させることも可能ですし，逆に芳香族の化合物に触媒水素添加を行って脂環式化合物を合成することもよく行われています。こちらから誘導されるものが「脂環式化合物」ということになります。シクロ- で始まる名称の炭化水素はこれに属することを示しています。

芳香族化合物

もともと誘導体にいい香りのするもの（ベンズアルデヒドなど）が多かったので「芳香族」化合物（aromatic compounds）と呼ばれるようになったのですが，中には悪臭に類する臭いを持つものもありますし，蒸気圧が低くて臭気を感じられないようなものもあります。最近流行の「アロマセラピー」などは，まさにいい香りの物質の薬理作用を利用した治療法です。

芳香族化合物の代表となるベンゼンやトルエン，ナフタレンなどの構造を調べると，みな平面構造で共役した不飽和結合を含む環をもち，π電子の数が $4n+2$ 個となっています。ここでの「共役」とは，上にも記しましたが，無機化学でいうものとは違って，複数の二重結合が間に単結合を一つだけ含んでいる構造を意味します。ケクレが夢をヒントにしてベンゼンの環状構造を考え出したというのは有名な話ですが，彼が考えたのはシクロヘキサトリエン，つまり六員環に一つおきに二重結合が含まれているもの（いまでもケクレ構造と呼ぶことがあります）でした。実際には六本の結合はすべて等価で，6個の炭素原子の作る平面の上下に π 電子の環状の雲が位置して構造を安定化しています。

芳香族炭化水素から水素原子1個を取り除いた原子団は「アリール基」と呼ばれ，略号としてはアルキル基の R- の代わりに Ar- を使うことになっています。

芳香族化合物は紫外部に大きな吸収を持ちますが，これは今の π 電子の持つ吸収帯に由来しています。

11・2 官能基ごとの特性

○ アルコール　R-OH

アルキル基に「-OH」原子団（水酸基，ヒドロキシル基（最近ではヒドロキシ基の方が推奨されているようですが）どちらでもかまわないでしょう）が結合した一群の化合物（R-OH）を指して「アルコール」といいますが，狭い意味ではエチルアルコールだけを意味します。食品工業や醸造業などでの使われ方はこちらになっています。無機化合物だと

OHは水酸化物イオン（OH⁻）になっている方が安定なのですが，有機化合物ではそう簡単にはイオンにはなりません。むしろほとんどの場合には中性分子として作用します。もっとも，金属ナトリウムのような強力な試薬と反応すると，水と同じように水素を放出するのですが，その反応は穏やかにしか進みません。ですから金属ナトリウムを廃棄処分する場合，ウッカリ水を掛けたら発火してたいへんですが，メタノールやエタノールを使ってまずアルコキシド R-O⁻ Na⁺ の形とし，それから水で薄め，中和して廃棄するのです。

下に炭素数のあまり多くないアルコール類をまとめてありますが，一番簡単なアルコールはメチル基と水酸基の結合でできた CH_3OH です。次は C_2H_5OH，その次は C_3H_7OH のようになります。名前は下のように規則的につけられています。左側の方が IUPAC 準拠方式，右側は以前の系統的命名法（アルキル基 + アルコール）によったものです。

CH_3OH	メタノール	methanol	メチルアルコール	methyl alcohol
C_2H_5OH	エタノール	ethanol	エチルアルコール	ethyl alcohol
C_3H_7OH	プロパノール	propanol	プロピルアルコール	propyl alcohol
C_4H_9OH	ブタノール	butanol	ブチルアルコール	butyl alcohol
$C_5H_{11}OH$	ペンタノール	pentanol	アミルアルコール	amyl alcohol

これよりも炭素数が大きくなると，左側のシステム，つまり炭化水素名の語尾変化による名称の方が多用される傾向にありますが，分野によっては必ずしもそうとはいえません。

なお，炭素数が増えるにつれて，同じ組成なのに別の化合物が出現します。これは異性体と呼ばれるものですが（第13章をご参照ください），プロピルアルコールの異性体はイソプロピルアルコールで，プロパン C_3H_8 の真ん中の炭素に OH 基が結合したものです。ただこれは医学や看護学，衛生学の方では昔から「イソプロパノール」と呼んでいます（◆）。世界的にも「isopropanol」で通用しているのです。

アルコール二分子から一分子の水が除去される（脱水反応）とエーテルができます。-OH 原子団がなくなると，水には格段に溶けにくくなります。

酸と反応した場合にはエステルを作るのですが，この酸は有機の酸（カルボン酸）に限定されず，無機の酸ともエステルを作りますし，その中には結構身近で重要なものもあります。

なお，同じように -OH 原子団があっても，これが芳香族環に直接結合していると，性質はかなり変わって，弱いながら酸としての性質を顕著に示すようになります。このような -OH 原子団はフェノール性水酸基というのです。フェノール類については第 12 章 107 頁にまとめてあ

◆ 2種類あるプロパノールの構造式
1-プロパノール（プロピルアルコール） $CH_3CH_2CH_2OH$
2-プロパノール（イソプロピルアルコール） $CH_3CH(OH)CH_3$

11・2 官能基ごとの特性

> **コラム**
>
> ### 「イソプロパノール」は間違いか？
>
> 受験化学の教師たちは，「イソプロパノールなんて間違いだ，そんなことを書くと試験に落ちるぞ！」なんてよく言われますが，むしろ実際に使用される分野はこちらのほうが（国際的にも）ずっと広いので，命名法の試験でない限りバッテンがつくことはありません。「間違いだ」といわれるのは，先に示した左側のシステム（炭化水素名の語尾変化）を採用するなら，「イソプロパン」という炭化水素から導かれたアルコールということになるのに，プロパンには異性体がないのだからダメということなのです。異性体については第13章でもう少し詳しく説明することにしましょう。
>
> 炭素数の少ない（低級）アルコールはほとんどが水とよく混じりますが，炭素数が大きい（高級）アルコールは水には不溶となります。炭素数5以上のものになると水への溶解度は格段に小さくなるので，水溶液から脂溶性の化合物を抽出するための溶媒として用いることもよくあります。生化学や薬学で化合物の脂溶性を測るパラメーターとして，水／オクタノール分配比（通常は対数表示の $\log P$ で表しています）がよく用いられるのは，この性質を利用しているのです。

ります。

芳香環と水酸基が直接結合していなければやはりアルコールとしての性質を示すので，例えば

C_6H_5-OH　（I）　　　$C_6H_5CH_2OH$　（II）
　　フェノール　　　　ベンジルアルコール

を比べてみると，（I）はフェノール（昔は石炭酸といいました）で酸としての性質が現れますが，（II）はベンジルアルコールで，通常のアルコール類と同じような反応性を示します。性質も似ていて，例えば低級の脂肪酸とのエステルは香料として使われる（酢酸ベンジルはジャスミン（素馨）のような香りがします）こともあります。

語尾が「-オール」という名称を持つ化合物のほとんどはアルコールなので，動脈硬化の原因とされるコレステロールや，松茸の香味成分であるマツタケオール，甘味剤のキシリトールやソルビトールなどもみなアルコールであることがわかります。このほかに同じ語尾のものとしてはフェノール類があるのですが，こちらについてはあとで説明します。

一つの分子内に2個の -OH 基を含むアルコール（ジオール）はよくグリコールと呼ばれます。本来は隣接した炭素に結合したものを意味していたのですが，分野によってはもっと離れた位置に結合したものまでを含めて「グリコール類」などと呼んでいます。自動車の不凍液に用いられる「エチレングリコール（$HOCH_2CH_2OH$）」や，化粧品などに添加されている「プロピレングリコール（$CH_3CH(OH)CH_2OH$）」などは本来のグリコールですが，トリメチレングリコール（$HOCH_2CH_2CH_2OH$）は拡張された意味のものです。

第11章 有機化学の手ほどき －その1－

○ **エーテル　R-O-R′**

アルコール二分子から水一分子が脱離したものです。メチルエチルエーテル，ジエチルエーテルのように両方のアルキル基の名称を並べた名称で呼ばれますが，単に「エーテル」という場合にはジエチルエーテルを指すものとして用いられることが多いのです。麻酔剤としてエーテルが用いられるようになって，外科手術時の患者の痛みは大幅に軽減されるようになりました。多くは気化しやすく，かつ水とは混ざらないので，水溶液中からほかの有機化合物を抽出分離するのに利用されることも多いのです。揮発しやすさを利用して，その昔は空気中の湿度を測定するための露点湿度計に使われました。

裁判化学の方では古典的な毒物の分離法である「スタース-オット法」というのがありますが，これは検体をアルカリ性にしてエーテルで抽出分離を行う手法です。その昔ベルギーで起きたニコチンによる毒殺事件の解決のために，当時ブリュッセルの陸軍士官学校の教授だったスタース（♣）が考案した方法で，現在でも植物性アルカロイドの検出/定量のための標準的な分離法として用いられています。

♣ スタース　J.S.Stas（1813-1891）

なお，フェノール二分子から一分子の水が脱離したもの（Ar-O-Ar）や，一方がアルキル基，一方がアリール基の組み合わせのR-O-Arタイプの化合物も同じようにエーテルと呼ばれます。環状のエーテルも知られていて，テトラヒドロフランやジオキサンなどは有機合成の際の溶媒としてお馴染みです（♦）。

♦ ジエチルエーテル（エーテル）
$C_2H_5-O-C_2H_5$

テトラヒドロフラン（THFと略されることも多い）

ジオキサン（1,4-ジオキサン）

○ **アルデヒド　R-CHO**

これはドイツの大有機化学者リービッヒ（♣）が，アルコールを酸化（脱水素）して初めて作ったので，「水素を除いたアルコール」を意味する alcoholicum dehydrogenatus というラテン語の下線部をつないで作った言葉だといわれています。容易に酸化されてカルボン酸になるのですが，これはつまり還元性が強いということでもあります。

♣ リービッヒ　J.von Liebig（1803-1873）

酸化してアルデヒドが出来るアルコールは「第一級アルコール」と呼ばれます。つまり RCH_2OH のような骨格を持ったものだけです。アルデヒドは容易に酸化されてカルボン酸になります。つまり還元剤としてはたらくのです。アンモニア性の硝酸銀溶液（いわゆるトレンス試薬）から銀を析出させる，いわゆる銀鏡反応は，アルデヒドの検出によく用いられるものでお馴染みです。

このアルデヒドが作られたおかげで，鏡の製造工程には一大革命が起きました。それまでは水銀と銀とのアマルガム（♦）を利用していたのですが，銀鏡反応の利用で，ガラスの表面に滑らかな銀の被膜を析出さ

♦ 水銀と金属との合金をアマルガムと呼びます。

コラム

銀鏡反応

リービッヒがアルデヒドを作ったおかげで，それまでの鏡の製作方法に大変革が起きました。いわゆる「銀鏡反応」で，アンモニア性の硝酸銀水溶液をアルデヒドで還元することで滑らかな銀の鏡が製作できるようになり，それまでの水銀利用のアマルガム法よりもずっと容易に，巨大な鏡の製造も可能となりました。試験管やスライドグラスぐらいの小さなものであれば高校生でも立派な鏡を作れますが，サイズが大きくなると，滑らかでむらのない鏡面を仕上げるにはプロの職人さんたちのノウハウが大事らしく，溶液の調合などにいろいろと口伝のようなものもあるということです。

せ，鏡として使えるようになったのです（◆）。

アルデヒドの名称は，これを酸化して得られる酸を元にしてつけられた方式の名称と，元となる炭化水素の語尾の「-ane」を「-al」に変えた方式の名称の両方が用いられています。ホルムアルデヒド「formaldehyde, HCHO」やアセトアルデヒド「acetaldehyde, CH_3CHO」は前者の例で，それぞれギ（蟻）酸，つまり formic acid (HCOOH)，酢酸「acetic acid (CH_3COOH)」から導かれたものです。一方，同じものを後者の方式で命名すると「メタナール」「エタナール」のようになります。ここで挙げたような低分子量の場合には前者の名称の方が普通ですが，複雑な構造のものとなってくると後者のスタイルが普遍的となります。一時期「加齢臭」の元だと報告された「ノネナール」は，不飽和炭化水素のノネン（nonene）の端の炭素がアルデヒド基になっているもの（正確には 2-nonenal, C_6H_{13}-CH＝CH-CHO なのですが）であることがわかります。この方式は拡張されて用いられることも多く，いろいろな天然のアルデヒド類にも，慣用名で「-al」の語尾が与えられているものがたくさんあります。害虫忌避剤のシトロネラールや，眼の視覚色素のレチナール，以前に睡眠導入剤として用いられたクロラールなどもアルデヒドの一員であります。

◆ 明治の岩倉使節団の『米欧回覧実記』（久米邦武 編，岩波文庫など）には，英国の鏡作り工場を見学に行ったとき（1874）の記録がありますが，ちょうどこの切替えの時期であったらしく，「ドイツ伝来の新しい製法を検討中である」という旨の記載があります。まだ製造現場では以前のアマルガム法が主であったのです。

なお，糖の中にもアルデヒド基をもつもの（グルコースなど）があり，これらは「アルドース」と呼ばれます。フェーリング溶液を還元して酸化銅(I)を生じる反応や，銀鏡反応で検出できることからも，還元能力があることがわかります。

○ ケトン　>C=O　R-C(=O)-R′

炭素と酸素が二重結合で結ばれている原子団を「カルボニル基」というのですが，この一方にプロトンがついていればアルデヒド，両方とも炭素原子が結合していればケトンと呼ばれる化合物になります。一番簡単なケトンはアセトンで，$(CH_3)_2CO$ のような構造を持つ揮発性のある液体ですが，いろいろな物質を溶かす性質が優れていて，身近なところではマニキュアの除光液の成分として使われたりします。アセトンの一方のメチル基をエチル基に変えたものはメチルエチルケトン（略称MEK），イソブチル基に変えたものはメチルイソブチルケトン（MIBK）と呼ばれますが，ケトンの名称はこのように両方の置換基の名称をつけて呼ばれることが多いのです。いろいろな分野で溶媒としてよく用いられていますが，工業原料としてもう一つ重要なものにシクロヘキサノン$(CH_2)_5C=O$ があり，これはシクロヘキサンのメチレン基の一つがカルボニル基になったものです。ナイロンの原料として大規模に製造されています。

上のシクロヘキサノンの例でもわかるように，炭化水素名の語尾「-ane」を「-anone」に変えるとケトンの系統的名称が出来ます。アセトンは「プロパノン（propanone）」，メチルエチルケトンは「ブタノン（butanone）」のようになるわけですが，低分子のものは慣用名の方がずっと頻繁に使われています。ただこの語尾の「-one」はほかの天然有機化合物でもケトンであることを示すのによく用いられるので，麝香(じゃこう)（ムスク）の成分である「ムスコン」，ジャスミンの芳香成分の「ジャスモン」など，結構身近なところで眼にする化合物名でもあります。分子量の大きなケトンには，揮発性があって芳香剤（香料）として用いられるものがあります。

糖の中にもケトン骨格を持つものがあり，これはアルデヒド基を持つ「アルドース」に対して「ケトース」と呼ばれています。カルボニル基を持っていてもアルデヒドではないのでこちらは還元性を持ちません。

ケトンのうちで$β$-ジケトン，つまり二つのカルボニル基の間にメチレン原子団（活性メチレン）が位置したものは，ケト-エノール異性（114頁）を示すので，金属イオンと反応するようになります。つまり酸としての性質をも示すのです。六員環キレートを作るので，生成した錯

体も安定性が大きいのです。

古くから知られているアセチルアセトンはいろいろな金属イオンの抽出試薬として有名ですが，このほかにも用途によって様々なものが作られて利用されています。中性の錯体を作るので，抽出分離試薬の外，ガスクロマトグラフィー用の試薬とされたり，強い蛍光性を示すものはレーザー材料や蛍光塗料として用いられたりします。

○ **カルボン酸**　R-COOH

アルデヒドを酸化して酸素原子をもう一つ加えた形の -COOH 原子団を持つ一群の化合物です。この名称は実はドイツ語の「Carbonsäure」に由来しているので，英語では「carboxylic acid」といいます。よく「carbonic acid」だと思い込んでいる方々がいるのですが，これは日本語だと「炭酸」のことです。もう一つよく似た言葉の「carbolic acid」は「石炭酸」つまりフェノールのことです（♠）。

脂肪族のカルボン酸は単に「脂肪酸」ということも多いですが，もともとはステアリン酸（炭素数 18）やパルミチン酸（炭素数 16），ラウリン酸（炭素数 12）などのように脂肪類に含まれる炭素数の多いカルボン酸を指していました（ドイツ語の脂肪酸（Fettsäure）は以前にはステアリン酸の別名でもあったのです）。意味が拡張されてカルボン酸一切を指すように変化してきました。

一番簡単な（炭素数 1 個の）カルボン酸は「ギ酸（蟻酸）HCOOH」です。炭素数 2 のものは酢酸（CH_3COOH），3 のものはプロピオン酸（C_2H_5COOH）というようになっています。カルボン酸の名称は慣用名の方が主に使われていて，系統名（炭化水素の語尾 -ane を -anoic acid に変えて作られる）の方がどちらかというと使用例が少ないのですが，

♠ 化学の知識のない翻訳者や，昨今話題の翻訳ソフトウェアだと，これらの化合物名をしばしば間違えるのですが，この混同は時と場合によってはとんでもない結果になる可能性もあるので，いくら注意してもし過ぎることはないでしょう。特許文書関連だったりしたら大問題なのですから。

コラム

カルボキシ基かカルボキシル基か

　-COOH は，高校のテキストでは「カルボキシ基」と呼ばれるようになっています。ですが，実際にはこちらの名称を使う例は少数派で，例えば -CH_2COOH 原子団を「カルボキシメチル基」のように呼ぶ場合，つまり置換基として用いる場合以外の大部分は「カルボキシル基」（横文字なら carboxyl group）の方で通用しています。これは IUPAC の命名システムが比較的最近改訂され，日本化学会の命名法もこれに従った結果（文部科学省もこれを採用しています）なのですが，純正化学以外の分野では相変わらず元のままだからなのです。医学界などでは「どうせまた改訂されて元に戻るさ，無理をしてこちらまで直すほどのこともない」と主張される向きもあるのだそうです。諸兄姉の将来活躍される分野ではおそらく「カルボキシル基」でないと通用しないだろうと思われます。

第11章 有機化学の手ほどき —その1—

図11・1 ガラス製レトルト
(Wikipediaより)

それだけ長いことよく使われてきたためでもあります。慣用名は原料に由来したものが多く，ギ酸（蟻酸）は最初アリをたくさん捕まえてレトルト（図11・1）で乾留して得られたからこの名称になったといわれます。酢酸は食酢から，酪酸は牛酪（バター）からというように原料の名称を留めています。

塩やエステルを作るとき，日本語の名称は「酢酸ナトリウム」とか「ギ（蟻）酸メチル」のようになりますが，英語名は「sodium acetate」

表11・1 よく見られるカルボン酸類

炭素数	慣用名	IUPAC式名	化学式	存在
脂肪族モノカルボン酸				
1	ギ(蟻)酸	メタン酸	HCOOH	昆虫類の毒腺，イラクサなど
2	酢酸	エタン酸	CH_3COOH	食酢　そのほか
4	酪酸	ブタン酸	$CH_3(CH_2)_2COOH$	バターなど
6	カプロン酸	ヘキサン酸	$CH_3(CH_2)_4COOH$	山羊脂に含まれる
8	カプリル酸	オクタン酸	$CH_3(CH_2)_6COOH$	山羊脂に含まれる
10	カプリン酸	デカン酸	$CH_3(CH_2)_8COOH$	山羊脂に含まれる
12	ラウリン酸	ドデカン酸	$CH_3(CH_2)_{10}COOH$	ヤシ油の成分
14	ミリスチン酸	テトラデカン酸	$CH_3(CH_2)_{12}COOH$	
16	パルミチン酸	ヘキサデカン酸	$CH_3(CH_2)_{14}COOH$	和蝋などの成分
18	ステアリン酸	オクタデカン酸	$CH_3(CH_2)_{16}COOH$	油脂の主要成分
不飽和のカルボン酸　エライジン酸とブラシジン酸だけは *trans* 形であるが，あとはすべて *cis* 形のものばかりである．				
3	アクリル酸	プロペン酸	$CH_2=CHCOOH$	
18	オレイン酸	オクタデセン酸	$CH_3(CH_2)_7CH=CH(CH_2)_7COOH$　*cis-*	
18	リノール酸	オクタデカジエン酸	$CH_3(CH_2)_4CH=CH(CH_2)CH=CH(CH_2)_7COOH$ *cis, cis-*	
18	リノレン酸	オクタデカトリエン酸	$CH_3(CH_2)_4CH=CH(CH_2)CH=CH(CH_2)CH=CH(CH_2)_4-COOH$　*cis,cis,cis-*	
22	エルカ酸	ドコセン酸，*cis-*	$CH_3(CH_2)_7CH=CH(CH_2)_{11}COOH$　*cis-*	
18	エライジン酸	オクタデセン酸，*trans-*	$CH_3(CH_2)_7CH=CH(CH_2)_7COOH$　*trans-*	
22	ブラシジン酸	ドコセン酸，*trans-*	$CH_3(CH_2)_7CH=CH(CH_2)_{11}COOH$　*trans-*	
脂肪族ジカルボン酸				
2	シュウ(蓚)酸	エタン二酸	HOOC-COOH	
3	マロン酸	プロパン二酸	$HOOC-CH_2-COOH$	
4	コハク酸	ブタン二酸	$HOOC-(CH_2)_2-COOH$	
6	アジピン酸	ヘキサン二酸	$HOOC-(CH_2)_4-COOH$	
4	マレイン酸	ブテン二酸，*cis-*	$HOOC-CH=CH-COOH$	
4	フマル酸	ブテン二酸，*trans-*	$HOOC-CH=CH-COOH$	
ヒドロキシ酸				
	乳酸	ヒドロキシプロパン酸	$CH_3-CH(OH)-COOH$	
	林檎酸	ヒドロキシブタン二酸	$HOOC-CH_2-CH(OH)-COOH$	
	酒石酸	ジヒドロキシブタン二酸	$HOOC-CH(OH)-H(OH)-COOH$	
	クエン酸	ヒドロキシヘキサン三酸	$HOOCCH_2-C(OH)(COOH)-CH_2COOH$	
芳香族カルボン酸				
	安息香酸	ベンゼンカルボン酸	C_6H_5COOH	
	サリチル酸	2-ヒドロキシベンゼンカルボン酸	$C_6H_4(OH)COOH$	

「methyl formate」のようで，語尾の「-ic acid」が「-ate」に変化したものとなっています。

複数のカルボキシル基を含むものは「-dioic acid」「-trioic acid」のようになるのですが，やはり不便なのか使用例はあまり多くありません。一番簡単なジカルボン酸はシュウ酸（蓚酸，oxalic acid）ですが，系統名なら ethanedioic acid（エタン二酸）となります（めったに使われませんが）。

低級脂肪族カルボン酸は水に可溶で，いずれも弱酸として作用します。もちろん，骨格炭素にいろいろな置換基がつくと酸の強さは変化します。例えば酢酸のメチル基の水素を塩素やフッ素で置換すると酸の強度は大きくなり，トリクロロ酢酸 CCl_3COOH は蛋白質の変性試薬となるほどの強さ（$pK_a = 0.7$）になります。トリフルオロ酢酸 CF_3COOH は通常の有機酸の中では最も強い酸（$pK_a = 0.30$）といえるでしょう。

昨今サプリメントなどによく利用されている EPA とか DHA という一群の脂肪酸類は，プロスタグランジンの前駆体なのでよく「プロスタノイド」などと呼ばれますが，これはそれぞれ「エイコサペンタエン酸（eicosapentaenoic acid）」「ドコサヘキサエン酸（docosahexaenoic acid）」の略称なのです。前者は炭素数が 20（eicosa-）で，二重結合が 5 個（penta-ene），後者は炭素数が 22（docosa-）で二重結合が 6 個（hexa-ene）を分子内に含むことが名称からわかります。

重要なカルボン酸について**表 11・1** にまとめておきましょう。

章末問題

11.1 炭素数 3, 4, 5 の脂肪族炭化水素（アルカン），およびこれからプロトンが 1 個脱離して生じるアルキル基は，それぞれ何種類存在するのでしょうか。

11.2 その昔，対称的なケトンを合成するには，レトルトの中で脂肪酸のカルシウム塩を熱分解し，気化してくる生成物を集める手法によりました。このときにレトルトの中に残るのは炭酸カルシウムです。例えば酢酸カルシウムからはアセトンが生じることになります。

それでは，酪酸カルシウムの熱分解で得られるケトンはどのようなものでしょうか？

11.3 その昔睡眠薬として用いられた「抱水クロラール」は，トリクロロアセトアルデヒドに一分子の水が付加したもの（だから「抱水」なのです）です．どのような構造だと考えられますか。

11.4 ニトログリセリンは爆発性が著しいのですが，ニトロメタンやニトロベンゼンはそれほど容易には爆発しません．なぜこのような違いが現れるのでしょうか。

11.5 油脂をアルカリで加水分解すると，グリセリンと脂肪酸のアルカリ塩が生じるのですが，この反応をよく「鹸化反応」といいます．なぜでしょう？

11.6 グルコースはアルドースの一つで還元糖に属しています。ところがスクロース（蔗糖）はグルコースとフルクトースからできているのに還元性を持ちません。なぜでしょう。

第 12 章 有機化学の手ほどき ― その２ ―

本章のポイント

カルボン酸以外の有機酸の特徴（ラクタム-ラクチム系有機酸・エステル・アミン・第四級アンモニウム・アミド・ニトリル・フェノール・メルカプタン・スルホン酸・ホスホン酸・アミノ酸）

12.1 カルボン酸以外の有機酸

　普通に有機酸というと脂肪酸，すなわちカルボン酸のことなのですが，これ以外にも酸性を示す有機化合物は結構あります。その中で重要と思われるものには，フェノール類とバルビツール酸などのラクタム-ラクチム系化合物があります。フェノール類については別に述べますので，ここではこのラクタム-ラクチム系の有機酸についてまとめておきましょう。

○　ラクタム　-CO-NH-　ラクチム　-C(OH)=N-

　ケト-エノール化と同じようにラクタムも異性化（プロトン移動）の結果，解離可能なプロトンを持つようになります（115 頁）。つまり弱い酸としての性質を示すようになるのです。ベロナールに代表されるバルビツール酸系の化合物や，プルプル酸（金属指示薬のムレキシドはこのアンモニウム塩です），尿酸，フタルイミドなどは，普通の有機酸のようにカルボキシル基を含みませんが，みな弱酸としての性質を示します。ベロナールはジエチルバルビツール酸の薬品名（一般名）で，以前は鎮静剤や入眠剤として不眠症に悩む人たちに広く処方されましたが，血液などとほぼ同じぐらいの pH の緩衝液を作るのに便利なので，いろいろな臨床検査試験などでよく「『ベロナール緩衝液』で希釈した試薬を添加する」という操作が公定の試験法になっていたりします。今ではこれ以外にもっと副作用の少ない催眠剤（睡眠導入剤）がいろいろ開発されて，ベロナールはむしろ臨床分析試薬としての用途が主になっています。

　尿酸はプリン体の代謝などの最終生成物で，通常は一塩基酸として挙動しますが，血液や関節囊液などのわずかな pH の変化で，遊離酸形の濃度が増加して結晶として析出してきます。これが「痛風」の原因となるわけです。もともと過飽和状態になりやすいので，なにかのきっかけで結晶化すると猛烈な痛みを引き起こすことになるのです。よく尿路結

12・1 カルボン酸以外の有機酸

石症に対して「尿のpHを上げるため（つまりアルカリ性方向に移動させる）の薬剤」が処方されるのは，少しでも溶解性をよくして遊離酸の形になっている分を減らすことが目的なのです。このための薬剤の多くはクエン酸を成分とするもので，体内で代謝されて炭酸水素イオンの形となって尿中に排出されるのを利用しています。尿は血液と違って緩衝能力が小さいので，炭酸水素イオン濃度が増加するとpHは容易にアルカリ性側に移動するのです（8・5節もご参照ください）。

○ **エステル　RCOO-R′**

通常は有機酸（カルボン酸）の-COOHが-COORのようにアルキル基やアリール基で置き換えられたものをいいます。高校のテキストだと，酢酸などの炭素数の少ない脂肪酸のエステルばかりが取り上げられているだけですが，栄養に欠かせない「油脂」は高級脂肪酸のグリセリンエステル（グリセリド）です（◆）。なお日本語では「油」は常温で液体のもの，「脂」は常温で固体のものを指すことになっています。どちらもグリセリンエステルであることは同じです。

エステルはアルコールやフェノールなどの水酸基（-OH）のプロトンが酸の骨格で置き換えられた構造が基本なので，脱水反応で作られることはおわかりだろうと思います。炭素数の少ない脂肪酸と同じように炭素数の少ないアルコールとのエステルは，比較的蒸気圧が高いのですが，多くは天然物の芳香成分でもあります。酢酸エステルなどは工業的にも大量に生産されていて，いろいろな物質の優れた溶媒として利用されています。

有機酸（カルボン酸）のエステルの中で，おそらく一番身近なものはやはり酢酸エチル（◆）でしょう。名前の通りエチルアルコールと酢酸から脱水反応で合成できます。快い香りのする液体ですが，マニキュアの除光液などにも配合されていますから，匂いをかいでみると思い当たることもあるでしょう。いろいろな化合物を溶かすことが出来るので，工業界では多種多様の用途にあてるため大量に合成・使用されています。ほかの分子量の小さいエステルも，程度の差こそあれ芳香を持つものが多く，人造香料としていろいろな製品に配合されています。

解熱剤のアスピリン（◆）も，サリチル酸（◆）のフェノール性水酸基を酢酸エステルの形としたものです。もともとの薬理作用はサリチル酸の方が持っているのですが，皮膚，特に胃の粘膜を刺激していろいろと身体に不具合が出ることが多かったのです。これはフェノール性水酸基のせいなのですが，酢酸エステルの形に変えることで，吐き気などの副作用を抑えることに成功したのです。

◆　脂肪の典型であるトリグリセリド（グリセリンの3個の水酸基がすべて脂肪酸のエステルになっている）の一例であるトリステアリンは下のような形をしています。

$$CH_3(CH_2)_{16}CO\text{-}O\text{-}CH_2$$
$$CH_3(CH_2)_{16}CO\text{-}O\text{-}CH$$
$$CH_3(CH_2)_{16}CO\text{-}O\text{-}CH_2$$

◆　酢酸エチル
$CH_3CO\text{-}O\text{-}C_2H_5$

◆　アスピリン
（アセチルサリチル酸）

◆　サリチル酸

また、高級アルコールの高級脂肪酸エステルは、油脂ではなく「蝋(wax)」に分類されます。蜜蝋の主成分はパルミチン酸ミリシルエステル $CH_3(CH_2)_{14}COOCH_2(CH_2)_{24}CH_3$ ですし、マッコウクジラから採取される鯨蝋はパルミチン酸セチルエステル $CH_3(CH_2)_{14}COOCH_2(CH_2)_{12}CH_3$ が主成分です。座薬や化粧品などに使われるカルナウバ蝋の主成分は、もっと炭素数の大きな脂肪酸のセロチン酸ミリシル $CH_3(CH_2)_{24}COOCH_2(CH_2)_{24}CH_3$ と、ミリシルアルコール $CH_3(CH_2)_{24}CH_2OH$ の混合物だということになっています。

ヒトの消化管はグリセリンエステルを加水分解できるので、油脂は栄養となりますが、「蝋」は加水分解できません。そのために体内に大量の蝋分を含む魚(アブラソコムツなど)は食用に出来ないのです。なお「生きた化石」として有名なシーラカンスも、体内にかなりの蝋分を含んでいるということです(◆)。

◆ なお、日本蝋燭(和蝋燭)の原料はハゼ蝋やウルシ蝋(ともに植物性のもの)ですが、これらの主成分はパルミチン酸のグリセリドなので、化学的には「蝋」には分類されません。

このほかに日常重要な無機酸のエステルも結構多数あります。例えば中性洗剤や化粧品などに使われている硫酸のエステル、代謝で重要なATP(アデノシン三リン酸)や核酸の重要成分であるリン酸のエステル、セルロイドやダイナマイトに使われている硝酸のエステルなどが中でも身近なものでしょう。工業用には炭酸のエステルやケイ酸のエステルがかなり重要であります。高分子化学ではチタン酸のエステルが触媒用に広く使われています。

◆ 第一級アミン

第二級アミン

第三級アミン

○ アミン　R^1NH_2　R^1R^2NH　$R^1R^2R^3N$

アンモニアの水素原子をアルキル基やアリール基で置換した一連の化合物をアミンといいます。アンモニアの場合には置換可能な水素原子が3個あるので、1個だけ置換したもの、つまり R^1NH_2 の形のものを第一級アミン、2個置換したもの R^1R^2NH を第二級アミン、$R^1R^2R^3N$ の形のものは第三級アミンと呼びます(◆)。炭素数の少ないアミン類は不快な臭気のあるものが多く、いわゆる「生ぐさい臭い」と呼ばれるものの

正体はこの種のものがほとんどです。酸と反応するとアンモニアと同じようにプロトンを付加してアミニウムイオンの形に変化します。つまり塩を生じることが可能です。

「鮮魚の酢締め」というのが，料理本にはよく現れますが，これは調理に際して，青魚（鯖など）のようにコリン（下記）を多く含む魚肉から生成しやすいアミン類を酢酸によって中和して酢酸塩などの形に変えてしまうことで，こうすると水溶性も大きくなるので除去も容易となるのです。

よく「生ゴミの臭気防止剤」が薬店などで売られていますが，これらのほとんどは酸を含む固体粒子で，その表面で中和反応を起こして蒸気圧の低い塩類となることを利用しています。

○ 第四級アンモニウム

第三級アミンとハロゲン化アルキルとが反応すると，$R_4N^+X^-$の形の塩が生じます。これは「第四級アンモニウム塩」と呼ばれるもので，この場合Rは同一である必要はなく，それぞれ違っていても構いません。ハロゲン化物でも塩なので，湿った酸化銀と反応させるとハロゲン化銀が生じ，第四級アンモニウム水酸化物が得られます。これは著しい強塩基で，水酸化ナトリウムと甲乙つけがたいほどの強さです。酸で中和した塩類の水溶液は中性となり，アミン類の塩（弱酸性）とは大きく異なった性質を示します。

一番簡単なものはテトラメチルアンモニウム塩（$[(CH_3)_4N]^+X^-$）ですが，いろいろなものが知られています。いくつか身近なものを挙げておきましょう。

塩化ベンザルコニウム（ベンジルジメチル（アルキル）アンモニウム塩化物）

$[C_6H_5CH_2(CH_3)_2RN]^+Cl^-$で表される一群の化合物の総称ですが，陽イオン性の界面活性剤です。強力な殺菌作用がありますが毒性はほとんどありません。消毒，殺菌剤，創傷洗浄剤などに広く用いられています。いわゆる「逆性石鹸」の代表的なものです。

コリン（トリメチルヒドロキシエチルアンモニウム）塩化物

$[(CH_3)_3NCH_2CH_2OH]^+Cl^-$

以前はビタミンB群の一員に含まれていました。動物の場合欠乏すると脂肪肝症状が出ることがわかったからです。でもヒトの場合には体内で十分に合成できるので，わざわざ補給する必要はありません。神経伝達物質として重要なアセチルコリンは，この水酸基部分にアセチル基が結合したものです。分解するとトリメチルアミンができやすく，これ

が魚の生臭さの原因となっています。

塩化スクシニルコリン

$[(CH_3)_3NCH_2CH_2O-CO-CH_2CH_2-CO-OCH_2CH_2 N(CH_3)_3]^{2+} 2Cl^-$

上記のコリンの水酸基をコハク酸由来のスクシニル基で置換したもの(つまりコハク酸のエステル)です。筋弛緩剤として,痙攣や筋肉の硬直時に処方されたり,気管内挿管時などに用いられるので,一般のわれわれもしばしば耳にするようになりましたが,アメリカなどでは,電気椅子による死刑に代わって塩化カリウム静脈注射による心停止による死刑が普及しつつあるそうで,その際には麻酔薬のチオペンタールナトリウムとこの塩化スクシニルコリンが併用されているようです。昨今ではわが国のミステリにも登場するようになりました。

○ **アミド** $R-CO-NH_2$, $R-SO_2-NH_2$ **など**

カルボン酸のアミド,つまり $-CO-NH_2$ が中でもよく眼にするものですが,これならばカルボキシル基のうちの $-OH$ 原子団が $-NH_2$ に置き換わったものと見なすことが出来ます。同じようにほかの酸でもアミドができるわけで,例えば尿素は炭酸のジアミドに相当します。スルホン酸のアミドは $-SO_2NH_2$ のような構造を含みます。抗生物質が登場するより以前の医療用の化学薬品として有名だった「サルファ剤」はこのスルホン酸アミド(昔風ならズルフォンアミド)の様々な誘導体でした。アンモニウム塩の熱分解,あるいはハロゲン化アシルとアンモニアの反応などで合成できます。加水分解すると元の酸とアンモニウムイオンになります。カルボン酸のアミドなら,条件をコントロールしながら熱分解すると,さらに水分子が除かれて次のニトリルに変わります。

アクリルアミド $CH_2=CHCONH_2$ は容易に重合するので,核酸分画などの電気泳動分離用のゲルを作る原料となります。以前は土壌硬化剤に利用されたこともありました。

○ **ニトリル** $R-CN$

$R-CN$ のような構造を持つ化合物で,炭素と窒素とは三重結合で結ばれています。一番簡単なニトリルは HCN すなわちシアン化水素(ギ酸のニトリルにあたります)ということになりますが,これは普通にはニトリルとしては扱わないようです。身近に見られるニトリルはアセトニトリル CH_3CN やアクリロニトリル $CH_2=CHCN$,ベンゾニトリル C_6H_5CN でしょう。これらはみなカルボン酸の誘導体で,アンモニウム塩を脱水して得られたアミドをさらに脱水した形にあたります。もっとも,工業的にはもっと簡単な合成法(例えばアセトニトリルはアセチレ

ンとアンモニアから直接合成したりしますし，アクリロニトリルはアセチレンとシアン化水素との付加反応で作ります）が採用されています。いわゆる「アクリル系繊維」はポリアクリロニトリルですが，最近話題の炭素繊維の原料としても使用されています。良質なアクリル系繊維はもともとわが国の自慢できる製品でしたから，その新分野への見事な活用といえるかも知れません。

○ フェノール　Ar-OH

芳香族の環の炭素に直接 -OH 基が結合した一群の化合物は「フェノール」（◆）といいます。狭い意味では C_6H_5OH を意味しますが，これは以前に「石炭酸 (carbolic acid)」と呼ばれ，英国の名外科医だったリスター（♣）が，外科手術時の殺菌・消毒に応用して感染症の発生を大幅に減少させることに成功したので有名になりました。以前は病院に行くと この石炭酸の匂いがして，安心感とともに多少の不安感をも抱かされたものです。今では消毒用にはもっと蒸気圧の低いクレゾール（◆）（トルエンに同じように -OH 基が結合したもの $CH_3C_6H_4OH$）が使われることが多くなり，そのために石炭酸の臭気が感じられる機会は少なくなりました。なお，クレゾールでは具合の悪い場合には逆性石鹸（ほとんどが第四級アンモニウム製剤）が活躍しています。

昨今の健康食品ブームの中でよく「ポリフェノール」が話題となっていますが，これらは芳香族骨格に 2 個以上のフェノール性水酸基が結合しているいろいろな化合物の総称のはずです。ただ，サプリメントなどで喧伝されているものは，アントシアンやフラボンなどの限られた「天然性ポリフェノール」だけを指しているようです。これらの多くはフロログルシノール（$C_6H_3(OH)_3$）やレゾルシノール（$C_6H_4(OH)_2$）を部分構造として含んでいるもののようです。

○ メルカプタン（チオアルコール）　R-SH

-SH 基を含む化合物で，アルコールやフェノールの -OH 原子団の酸素が硫黄に置き換わったものです。この H は弱いながらも酸性を示し，金属イオンと反応します。メルカプタンという名称は「水銀を捕まえる」という意味から来ています。

低分子のメルカプタンはみな悪臭を持っています。都市ガスの臭気は警戒用で，この臭いですぐにガス漏れが検知出来るようにとごく微量でもものすごい悪臭の化合物を添加しています（◆）。スカンクの放出する悪臭もやはりこのメルカプタン系の化合物（ブチルメルカプタンなど）です。

◆ フェノール

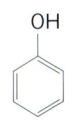

OH

♣ リスター　J.Lister
(1827-1912)

◆ クレゾール
下記のように三種類の異性体がありますが，消毒用などにはこれらの混合物のままで使用します。

o-クレゾール

m-クレゾール

p-クレゾール

◆ 企業によって多少は異なるようですが，主にエチルメルカプタンが用いられているようです。

第12章　有機化学の手ほどき −その2−

◆ BAL は別名を 2,3-ジメルカプトプロパノール，ジチオグリセリン，ジメルカプロールなどと呼びます。それぞれ使われる分野が違うのですが，BAL（バル）でも通用しています。$CH_2(OH)-CH-(SH)-CH_2SH$ のような構造です。わかりやすく図にすると下のようになります。

2,3-ジメルカプトプロパノール

HS〜〜OH
　HS

重金属中毒に際して処方される BAL（British Anti-Lewisite）（◆）という薬剤がありますが，これは別名をジチオグリセリンとかジメルカプロールというように，グリセリンのメルカプト誘導体です。鉛や水銀，タリウム，ヒ素などの重金属元素の中毒患者に対して，有毒金属イオンと結合して錯体を作り，容易に体外へ放出する機能を持っています。

○　スルホン酸 $C-SO_3H$，　ホスホン酸 $C-PO_3H_2$

$C-SO_3H$ のような構造を持つ一群の化合物はスルホン酸と呼ばれます。メタンスルホン酸，ベンゼンスルホン酸のように母体の炭化水素名に「スルホン酸」をつけて呼ばれるのが普通ですが，薬学方面では「メシル酸」「ベシル酸」「トシル酸」などのような短縮形が使われることも少なくありません。これらはそれぞれ，メタンスルホン酸，ベンゼンスルホン酸，トルエンスルホン酸の省略形です。スルホン酸は例外なく強酸で，その塩類は結晶性がよく，さらに水によく溶けるものが多いので，薬剤の製造時によく使われるのです。ナフタレンやアントラセンのスルホン酸誘導体は染料工業で重要な原料となっています。pH 指示薬としてお馴染みのメチルオレンジもベンゼンスルホン酸の置換体です。

私たちがあまり気にしていないけれども，身近にあって大事なスルホン酸類の一つに「タウリン」があります。これは 2-アミノエタンスルホン酸の別名で，$NH_2CH_2CH_2SO_3H$ のような比較的簡単な構造をしています。イカやタコなどの軟体動物に多く含まれていて，昨今では美容などにも有効であるという宣伝文句もあちこちで目にします（◆）。

一時期環境汚染の元兇としてマスコミにも取り上げられて大きく騒がれた化学洗剤（中性洗剤）ですが，このなかにはアルキルベンゼンスルホン酸（ABS）系と呼ばれる一群の化合物がメインに含まれていたことがありました。これは環境中で分解されにくい枝分かれ構造のアルキル基を分子内に含んでいるので，現在ではこの分岐構造のアルキル基を含むものはすたれ，直鎖のアルキルベンゼンスルホン酸塩やエステル（よく LAS と略称されます。Linear alkylbenzenesulfonate の省略形です）が使われるようになりました。

昨今新聞紙上を賑わしている骨粗鬆症（こつそしょうしょう）においての問題の一つに，せっかくカルシウムに富む食餌を摂取しても，肝腎のカルシウムイオンが目的とする骨格部分にまで到達しないうちに排泄されてしまうという現象があるのだそうです。そのためにいろいろと工夫の結果，骨の組織にまでカルシウムを運べるような水溶性の化合物（錯体）がいろいろと開発されました（8・7節もご参照ください）。その中の一つに「カルシウムジホスホネート」と呼ばれるキレート薬剤があります。これは2個

◆ じつはこのタウリンはネコたちにとっては必須アミノ酸の一つらしいのですが，彼らにとってはイカやタコなどは珍味であるらしく，とかく食べ過ぎて消化不良を起こしていわゆる「腰が抜けた」状態になりやすいといわれます。人間の場合には，必要な分だけは体内でほかのアミノ酸から合成されているために，必須アミノ酸には分類されていません。

のホスホン酸基がアルキル基の末端の同一の炭素に結合したもので，炭素上の置換基を変えた様々な誘導体が作られています。一番簡単なジホスホネートはメタンに2個のホスホン酸基が結合したもの（メドロン酸）です（◆）。これらはカルシウムと六員環のキレート錯体を作ります。これだと血液から骨格部分にまで効率よくカルシウムイオンを移動させることが可能なのだということです（血液中のカルシウムは，大部分が蛋白質に堅固に結合していて，水和したイオンの形で溶けている割合はもともとかなり少ないのです）。

◆ メドロン酸（メタンビス（ホスホン酸））の構造

アミノ酸の一般式

○ アミノ酸類

蛋白質の構成成分としてお馴染みのアミノ酸は，同一の分子内に酸性のカルボキシル基と塩基性のアミノ基をともに含む構造の分子です。理屈の上ではいろいろなものが考えられるのですが，生体を構成している蛋白質の原料となるものは20種類だけで，いわゆる「α-アミノ酸」と呼ばれるものです。**表12・1**にまとめておきますが，主に生化学などの方で呼ばれる狭い意味の「アミノ酸」はこれだけなのです。ところが，医学や臨床，薬学などの分野を見ると，この「アミノ酸」はもう少し広い意味で使われる方が主のようです。例えば，蛋白質の構成単位ではないけれども窒素系の物質代謝に重要なオルニチンやシトルリンのほか，通常のアラニンとはちょっと違った構造のβ-アラニン，γ-アミノ酪酸（よくGABAと呼ばれます），ドーパ（DOPA）と略称で呼ばれることが多いジヒドロキシフェニルアラニンなどがあるのです。このほか，芳香族系の化合物で同じように分子内にアミノ基とカルボキシル基を含むものも多数知られていて，アントラニル酸（o-アミノ安息香酸）や，結核の対症薬として用いられるパラアミノサリチル酸などもやはり広い意味のアミノ酸になります。分野によっては上に述べたタウリン（アミノエタンスルホン酸）やホスファチジルコリンなどまで範囲を拡げる向きもあるのですが，ここまで行くと生化学のエライ先生からは叱られる可能性もあります。

分子内にアミノ基とカルボキシル基を含んでいる一番簡単な「アミノ酸」はカルバミン酸（NH_2COOH）のはずですが，さすがに生化学の方ではこれはアミノ酸には分類しないようです。高分子のウレタンはこの誘導体と見なすことができますが，生化学よりも化学工業の方で重視されています。普通の場合，一番簡単なアミノ酸とされるのはグリシン（アミノ酢酸，NH_2CH_2COOH）です。

なお，高校のテキストでは「リシン」と呼ばれているアミノ酸は，普通には「リジン」でなくては通用しません。横文字は「lysine」で昔風の

第12章 有機化学の手ほどき －その2－

表12・1 アミノ酸（『化学便覧改訂5版』を元に作成）

アミノ酸	略号	構造式	分子量	備考
グリシン	Gly (G)	H-CH-COOH | NH$_2$	75.07	中性アミノ酸
アラニン	Ala (A)	CH$_3$-CH-COOH | NH$_2$	89.09	中性アミノ酸
バリン*	Val (V)	CH$_3$-CH-CH-COOH | | CH$_3$ NH$_2$	117.1	中性アミノ酸
ロイシン*	Leu (L)	CH$_3$-CH-CH$_2$-CH-COOH | | CH$_3$ NH$_2$	131.2	中性アミノ酸
イソロイシン*	Ile (I)	CH$_3$-CH$_2$-CH-CH-COOH | | CH$_3$ NH$_2$	131.2	中性アミノ酸
セリン	Ser (S)	HO-CH$_2$-CH-COOH | NH$_2$	105.1	中性アミノ酸
スレオニン* (トレオニン)	Thr (T)	CH$_3$-CH-CH-COOH | | OH NH$_2$	119.1	中性アミノ酸
アスパラギン酸	Asp (D)	HOOC-CH$_2$-CH-COOH | NH$_2$	133.1	酸性アミノ酸
グルタミン酸	Glu (E)	HOOC-CH$_2$-CH$_2$-CH-COOH | NH$_2$	147.1	酸性アミノ酸
システイン	Cys (C)	HS-CH$_2$-CH-COOH | NH$_2$	121.2	硫黄を含む
メチオニン*	Met (M)	CH$_3$-S-CH$_2$-CH$_2$-CH-COOH | NH$_2$	149.2	硫黄を含む
フェニルアラニン*	Phe (F)	C$_6$H$_5$-CH$_2$-CH-COOH | NH$_2$	165.2	ベンゼン環を含む
チロシン	Tyr (Y)	HO-C$_6$H$_4$-CH$_2$-CH-COOH | NH$_2$	181.2	ベンゼン環を含む
トリプトファン*	Trp (W)	(インドール)-C-CH$_2$-CH-COOH | | CH NH$_2$	204.2	ベンゼン環を含む
リジン* (リシン)	Lys (K)	H$_2$N-CH$_2$-CH$_2$-CH$_2$-CH$_2$-CH-COOH | NH$_2$	146.2	塩基性アミノ酸
アルギニン	Arg (R)	H$_2$N-C-NH-CH$_2$-CH$_2$-CH$_2$-CH-COOH ‖ | NH NH$_2$	174.2	塩基性アミノ酸
ヒスチジン*	His (H)	HC=C-CH$_2$-CH-COOH | | | N NH NH$_2$ ＼／ CH	155.2	塩基性アミノ酸
アスパラギン	Asn (N)	H-N-C-CH$_2$-CH-COOH | ‖ | H O NH$_2$	132.1	アミド結合を持つ
グルタミン	Gln (Q)	H-N-C-CH$_2$-CH$_2$-CH-COOH | ‖ | H O NH$_2$	146.1	アミド結合を持つ
プロリン	Pro (P)	H$_2$C—CH$_2$ | | H$_2$C CH-COOH ＼N／ | H	115.1	2級アミン

＊印は必須アミノ酸。

名称が生きているのですが、これは文部科学省の指針通りに忠実に直してしまうと、猛毒の蛋白質であるリシン（ricin, 最近（2013）オバマ大統領宛の郵便物にも同封されていて問題になりました）と区別できなくなるからなので、生化学や薬学、栄養学の分野では昔ながらの名称を使って区別しているのです。受験化学が行き過ぎると、身辺に危険が及ぶことだってあり得るということなのでしょう。もっと詳しいことをお望みならば、拙訳の『殺人分子の事件簿』（J.Emsley 著、化学同人）をご覧ください。

章 末 問 題

12.1 アセトニトリルは別名をシアン化メチルというので、そのために「青酸カリ」と同じように毒性が強い化合物だと誤解している人間が少なくありません。なぜこの化合物の毒作用が低いのか、諸兄姉の後輩にもわかるように説明してごらんなさい。

12.2 蛋白質を構成するアミノ酸で一番簡単なものは「グリシン」、すなわちアミノ酢酸です。これはほかのアミノ酸と同様に両性（双性）電解質で、強酸性水溶液と中性水溶液、強アルカリ性水溶液でそれぞれ異なった化学種となります。それでは強酸性、中性、強アルカリ性水溶液中でどのような形を取っているのか、構造式（示性式）を描いてみてください。

12.3 ナイロンはもともと商品名であったのですが、現在ではポリアミド系の繊維の総称となっています。そのうちの一つである6-ナイロンは、カプロラクタム（ε-アミノカプロン酸のラクタムです）を原料モノマーとしています。このモノマーはどのような構造でしょうか？

12.4 紙おむつや生理用品などに用いられている吸水性ポリマーは、ポリアクリル酸ナトリウムが主材料です。これに酸を加えると、吸水性が激減してしまうのはなぜでしょう。

12.5 わが国の誇るべき発明の一つであるビニロンは、ポリビニルアルコールをホルマリン（ホルムアルデヒドの水溶液）で処理して水溶性をなくし、繊維として加工可能にしたものです。ホルマリンはポリビニルアルコールとどのような結合を形成しているのでしょうか？

第13章 立体化学と異性体

本章のポイント

異性体の発見／構造異性体と立体異性体／立体異性体の性質の違い／アイソトポマー（同位体異性体）／医薬品と立体異性体

13.1 異性体の歴史

　アルデヒドのところで触れたドイツのリービッヒは，若いころ雷酸銀の研究を盛んにやっていました。これは硝酸銀の希硝酸溶液とエタノールとの反応で生じる爆発性の化合物で，組成は現代風に記すと AgCNO のようになります。ところがちょうど同じ頃，ゲッティンゲン大学のヴェーラー（♣）が，シアン酸塩と硝酸銀の反応でシアン酸銀を合成することに成功しました。こちらも組成は同じく AgCNO なのに性質はまったく違い，爆発性など全然ありません。二人の間に大激論がかわされ，お互いに相手の報告は間違っているという泥仕合めいた論戦が繰り返されたのですが，あるきっかけで「実は両方とも正しい」ことがわかったのです。その結果二人は，生涯を通じて無二の親友となったことは語りぐさとなっています。

♣ ヴェーラー F.Wöhler
(1800-1882)

　このように，化学分析の結果得られる成分元素組成だけではまったく区別できないのに，完全に別の化合物が存在可能だということが判明し，このような化合物を「異性体（アイソマー）」と呼ぶことになりました。

　その後しばらくして（1828），ヴェーラーはシアン酸アンモニウム（NH_4NCO）を加熱していて，やはり同じ元素組成なのにまったく別の化合物である尿素（$CO(NH_2)_2$）が得られることを発見しました。この尿素の合成は，当時のヨーロッパ世界を揺るがせるほどの大ショックを与えたのです。それまでは生体物質（有機物質）が作られるにはどうしても生命体の関与が必要だと思われ，敬虔なるキリスト教信者各位はまったく疑うこともなく信じていたわけですが，実験室のビーカーの中で（腎臓によらずに）尿素が出来てしまったのですから無理もありません。でもここから近代の有機化学が始まったともいえるのです。

　有機化合物の場合の異性体には下記のようなものがあります。それぞれについて手短に説明をしておきましょう

13・2 いろいろな異性体

大きく分けると，構造異性体と立体異性体の二つになります。立体異性体は通常は幾何異性体（*cis-trans* 異性体）と光学異性体に大別されます。

つまり

```
            ┌─ 構造異性体
    異性体 ─┤              ┌─ 幾何異性体
            └─ 立体異性体 ─┤
                            └─ 光学異性体
```

有機化合物の場合，構造異性体には次のようなものが含まれます。
骨格の違いによるもの　　　**骨格異性体**（狭い意味の構造異性体）
結合様式の違いによるもの　**結合異性体**
結合の位置の違いによるもの **位置異性体**

狭い意味の構造異性体は，炭素骨格の結合様式の違い（そのため骨格異性体と呼ぶ向きもあります）によるものを指します。炭化水素にはまっすぐな一本鎖のものと枝分かれ（分岐）のあるものとが存在します。例えばブタン（C_4H_{10}）には，炭素原子4個がまっすぐ並んだもの（*n*-ブタン）と，途中の炭素にメチル基が結合したイソブタンが存在します。炭素の数が増加すると炭化水素だけでも異性体の種類はどんどん増加します。このあたりは数学のグラフ理論の格好な研究対象であり，そのためにグラフ理論の開拓者の一人ケイリー（♣）の有名な論文は数学の学術誌ではなく，何と『ドイツ化学会誌』（いわゆるベリヒテ）に掲載されているぐらいです。

次には官能基や結合の様式の違いによるもの（結合異性体）があります。高校のテキストにもあるエチルアルコールとジメチルエーテル，酢酸とギ酸メチルなどがこの例に挙げられるでしょう。リービッヒとヴェーラーの大論争の種となった雷酸銀とシアン酸銀（どちらも組成はAgCNO なのですが，雷酸銀は Ag^+CNO^-，シアン酸銀は Ag^+NCO^- なのです）もこの典型といえるかも知れません。

官能基の炭素骨格に結合する位置が異なるもの，あるいは二重結合の位置が違うものは位置異性体といいます。ベンゼン環などの芳香族環でも原子団の結合する位置によって異性体が生じますが，これも位置異性体です。二置換体ではオルト-(*o*-)，メタ-(*m*-)，パラ-(*p*-) の異性体が存在します（◆）。ベンゼンジカルボン酸だと，フタル酸，イソフタル酸，テレフタル酸のようにそれぞれ別な名称になっています（PET

♣　ケイリー　A.Cayley
（1821-1895）

◆　ベンゼンの二置換体の異性体
これはキシレンの例です。

o-キシレン
（1,2-ジメチルベンゼン）

m-キシレン
（1,3-ジメチルベンゼン）

p-キシレン
（1,4-ジメチルベンゼン）

前に示したクレゾールも同じように三種類の異性体がありました。

フタル酸

イソフタル酸

テレフタル酸

ボトルでお馴染みの PET はポリエチレンテレフタレートの省略形で，エチレングリコールのテレフタル酸エステルの鎖状の重合体にほかなりません）。

このほかに互変異性体と呼ばれるものがあります。これになると構造異性体に含めるべきかどうかは，大先生方によって多少の見解の違いがあるようですが，この例としては前に紹介したケト-エノール異性とラクタム-ラクチム異性が知られています。メチレン基の両側にカルボニル基（多くはケトン基ですが，アルデヒド基やエステル基の場合もあります）が結合した分子の場合，共役した二重結合が出来ると，メチレン基にもともと含まれていたプロトンが移動して六員環構造のエノールの構造ができるのです。つまり，-C(=O)-CH$_2$-C(=O)- のような形（これがケト形）と，プロトンが移動して出来た -C(=O)-CH=C(OH)- （これがエノール形）の異性体となります。化合物によっては沸点が大きく違うので，エノール異性体を分留することで単離可能なものもあります。この OH 基のプロトンは解離しやすく，弱い酸としての性質を持っていますので金属イオンと反応することもあります。反応して六員環のキレートが出来ると安定な錯体を生じます。

β-ジケトンのエノール形とケト形

ケト-エノールの異性体は，ほかのカルボニル化合物でも存在は考えられるのですが，今のβ-ジケトン形のものを別にすると，ケト形の方の安定性が著しく大きいのが普通です。例えばアセトアルデヒド（CH$_3$CHO）のエノール形はビニルアルコール（CH$_2$=CH-OH）ですが，これは自然界にはほとんど存在出来ません（重合した形のポリビニルアルコール（PVA）は，糊や薬剤その他の用途があるため大量に生産されていますが，別の方法で合成するのです）。

ラクタム-ラクチム異性も，同じようにカルボニル基の隣接位置にあるイミド基のプロトンが酸としての性質を示す原因です。環の一部に -C(=O)-NH- が含まれるならばラクタムというのですが，これが異性化して -C(-OH)=N- のような構造（これをラクチムといいます）になるのです（第 12 章 102 頁をご参照ください）。窒素の両側にカルボニル基があるとこのラクチム構造が出来やすくなり，β-ジケトンと同じように酸として挙動するようになります。バルビツール酸や尿酸，フタルイミドやスクシンイミドなどがカルボキシル基を含まないのに酸として働くのはこのためです。次頁に示したのはイサチン（インジゴを分解し

> **コラム**
>
> **β-ジケトンの誘導体の用途**
>
> 　β-ジケトンの誘導体は，有機化学以外の分野での重要性が大きいのです．最初は核燃料精製のためにこのエノール異性体の性質（主に金属イオンとの錯形成）がずいぶん研究されたのですが，そのスピルオーヴァーの方がずっと拡大されてしまったのです．例えば現在のヨーロッパで通用しているユーロ紙幣を水銀燈（高圧水銀燈，いわゆる「ブラックライト」）で照射すると，見事に赤橙色の星の環になった列が見られますが，これはユウロピウムのβ-ジケトン錯体（この正体については EU の本部は公開していません）によるものです．同じようにわが国の使用済みの葉書の表面を高圧水銀燈で照らしてみると，見事に赤橙色のバーコード（機械仕分用）が印刷されていることがわかりますが，これもユウロピウムのβ-ジケトン錯体であることが蛍光の波長からもわかります．年賀葉書などで消印がなくともこれで投函済みか未使用かが判別できるのです．前にも紹介した『化学』の増刊号「ケミストを魅了した元素と周期表」(2013) の中に，この年賀葉書やユーロ紙幣の蛍光の写真が掲載されています．

て得られる）のラクタム-ラクチム互変異性の例です．

ラクタム形　　　　ラクチム形

　分子内に二重結合を含む場合，二重結合は自由に回転ができませんので，二個の置換基がある場合，結合の仕方で二通りの異性体が生じることとなります．これが幾何異性体で，それぞれ *cis*-異性体と *trans*-異性体のように呼ばれることもあります．「*cis*-」はラテン語でこちら側，「*trans*-」はあちら側を意味します．

13・3　立 体 異 性 体

　炭素原子が四面体構造をとるということは，十九世紀の末頃 (1874) にオランダのファントホッフ (♣) とフランスのル・ベル (♣) がそれぞれ独立に提言したことなのですが，当時のヨーロッパの大権威の先生方からの風当たりは大変に強かったそうです．なにしろ「分子すら存在が確認できないのに，その構造を論じるなんてもってのほか」と言われる老大家がうじゃうじゃおいでになった時代ですから無理もありません．

　この炭素原子の周りの原子や原子団の並び方によって，重ね合わせの出来ない一対の化合物ができ得るというのが，ファントホッフの立体化学から導き出された重要な事柄でした．炭素は正四面体構造をとるので，結合している 4 個の原子や原子団が相互に異なるなら，重ね合わせ

♣ ファントホッフ
J. H. van't Hoff (1852-1911)

♣ ル・ベル　J. J. Le Bel (1847-1930)

第13章 立体化学と異性体

コラム

鏡の国のミルクの味？

英国のルイス・キャロル（本名はチャールズ・ラトウィッジ・ドジソン，オクスフォード大学の数学のLecturerでした。この「Lecturer」は直訳すると「講師」ですが，並みの教授なんかよりずっと格の高い地位です）が，『不思議の国のアリス』の続編として執筆した『Through the Looking Glass（鏡の国のアリス）』(1872) の発端の所で，大きな姿見用の鏡の前でアリスが黒い子猫のキティと遊びながら「ねえキティ，鏡の国のミルクはおいしくないかも知れないわ」と言っているのです。これはいまの「光学異性体」の予言みたいなもので，どこからこんな着想を得たのかは現在もナゾのままです。

不可能な構造となります。このような炭素原子を「不斉炭素原子」といいます。この一対の分子は化学的には同一の性質なのに，光学的性質は違うのです。もちろんそのほかにもいろいろと性質の違いが見つかってきたのですが，生体作用などにも大きな差が認められます。

鏡の国の物質は，われわれの平常暮らしている世界とは右と左が逆になっています。つまり重ね合わせることが出来ないのです。ファントホッフの卓見は，実は重大な自然界のカラクリを解明したことに当るのです。

♣ 池田菊苗 (1864-1936)

わが国の池田菊苗先生（♣）が1907年（明治40年）に発見した「旨味」の正体であるグルタミン酸ナトリウム（MSG）は，グルタミン酸（$HOOCCH_2CH_2CH(NH_2)COOH$）のうち，L-系列（これについては後で詳しく述べます）のもののナトリウム塩でないと旨味が感じられません。筆者は以前にウィーンの工科大学にお邪魔した折，あちらの大先生に，「ここにD-グルタミン酸ナトリウムがあるんだけれど，舐めてみたまえ」といわれて，おっかなびっくり舌に載せてみたことがあるんですが，何とも不快な感じ（じわっと苦みを感じる）しかしませんでした。大先生は「これ，北京製なんだよ。ひょっとしたらあちらでは右派を追放しているせいかも知れないね」（ちょうど文化大革命の最盛期でした）といわれたのですが。池田先生が単離するより前にドイツのさる化学者が単離したグルタミン酸ナトリウムは「無味，かすかに苦味」という記述（当時の有機化学者は，新しい化合物を発見・単離すると，必ず自分の五感でチェックするのが普通でした）があったそうです。ですからおそらく，池田先生のように注意深く精製せず，かなり荒っぽい化学処理をしたために，L-異性体の半分がD-異性体になった（この変化をラセミ化と言います）結果，無味になってしまったのでしょう。

アミノ酸類は天然に産出するもののほとんどは単品では甘味があるのですが，これの鏡像体は無味，もしくは苦味のあるものがほとんどで

す。つまりルイス・キャロルの予言（？）は確証されたのです。「鏡の国のミルク」はやはりおいしくはなさそうです。

　これよりずっと以前に，ある種の結晶は偏光を通過させると偏光面を回転させる力を持っていることがわかっていました。同じような現象は，天然に得られる有機化合物でも観測され，これは溶液にしても同じように偏光面の回転を起こすのです。この性質は「光学活性」と呼ばれます。フランスのパストゥール（♣）が，まだパリの高等師範学校（エコール・ノルマル）の学生だった頃（1848），当時正体不明だった酒石酸と葡萄酸（化学組成は同じなので，「異性体」の一例と思われていました）のナトリウムアンモニウム塩の結晶を自分で作って観察していました。酒石酸塩は偏光面を右に回転させるのに，葡萄酸塩は偏光面を回転させない（光学的不活性といいます）だけの違いだったのです。パストゥールが調製した酒石酸塩は単一種類の結晶なのに，同じようにして結晶化させた葡萄酸塩は，わずかに形の違う二種類の結晶の混合物であることを発見したのです。この現象は「自然分晶」と呼ばれるのですが，パストゥールはルーペとピンセットを用いてこの二種類の結晶を分け，一方は既知の酒石酸塩とまったく同じで，変光面を右に廻す（右旋性）のに，もう一方は逆に左に廻すもの（これは天然にはない左旋性の酒石酸塩）であることを発見しました。

　彼はこの原因をいろいろと考察して，「これは成分分子自体に原因があるとしか考えられない。ひょっとしたら分子はネジ状の構造を持っていて，そのネジの向きによって右旋性と左旋性の違いが生じるのかも知れない」という卓見を吐いたと伝えられていますが，これが証明されるにはそれから四半世紀かかったのです。この右ネジと左ネジは重ね合わせることができません。このような性質を「掌性（キラリティー）」といいます。だれでも左右両手は鏡に映せば重ねられるけれど，そのままでは重ね合わせができないことはおわかりだろうと思いますが，これと同

♣ パストゥール L.Pasteur (1822-1895)

第 13 章　立体化学と異性体

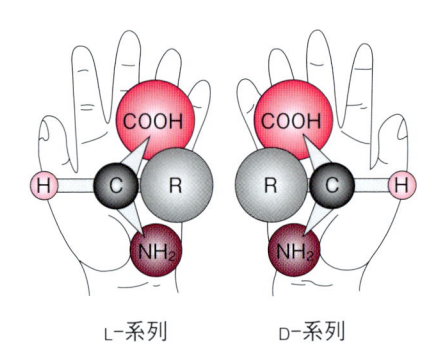

図 13・1　L-系列と D-系列（Wikipedia Chirality より改写）

じです．偏光面の回転の向きは右側をプラスに，左側をマイナスにとることになっていますので，今の酒石酸塩（天然）は（＋）の酒石酸ということになります．

やがて分子構造が判明してくると，実験で観測される偏光面の回転の向きは，原因となる炭素原子の周囲に結合している原子や原子団の並び方とは必ずしも一致していないことが判明してきました．不斉炭素原子（ファントホッフの考えた，炭素原子の周囲に結合している四種の原子団が皆異なるもの）をとりかこむ分子構造の方をメインに考えて，アミノ酸のアラニンを基準とすることになりました．右旋性のアラニンを D-アラニン，左旋性のアラニンを L-アラニンと決め，これと同じ基本構造を持つものをそれぞれ D-系列，L-系列と分類することになったのです（図 13・1）．この D- と L- はラテン語での右にあたる「dextro-」と左に当たる「laevo-」（短くして「levo-」と記すことも多いのですが）に由来しています．ですから D- や L- は分子構造の系列を示すので，実際の偏光面の回転の向きとは必ずしも一致しません．

われわれの身体を構成している蛋白質の成分であるアミノ酸（表 12・1 をご参照ください）は，一番簡単なグリシン（アミノ酢酸）以外はすべて掌性を示し，いわゆる L-系列に属しています．この配列様式はよく「CORN 則」などと呼ばれますが，カルボキシル基（COOH）を CO，アルキル基を R，アミノ基（NH_2）を N で表したとき，α-アミノ酸の不斉炭素原子と水素の結合軸を C-H 結合とは反対方向（正四面体の底面）からみたとき，CO-R-N が時計回り（右回り）なら D-系列，反時計回り（左回り）なら L-系列になるのです．なお，この系列はよく「絶対配置」と呼ばれることもあります．

13・4　アイソトポマー（同位体異性体）

このほかに，高等学校まででではあまり取り上げられることはありませ

んが，重要な異性体の一つに「同位体異性体」があります．英語では「isotopomer」といいますが，これは実際上もいろいろと重要な役割を担っています．以前はむしろ「標識化合物」などと呼ばれ，放射性同位体を含む化合物類を指す言葉として用いられていました．ですが，いろいろな元素の安定同位体を特別に濃縮した化合物が容易に（必ずしも安価ではありませんが）得られるようになると，有機化合物や錯体の特定のサイトだけを，普通には天然存在比が小さい同位体だけに置き換えてしまった化合物を作ることが出来ます．例えばクロロホルムは $CHCl_3$ ですが，この水素原子を重水素原子で置換した重クロロホルム $CDCl_3$ はまさにこの同位体異性体の典型で，プロトンの存在が邪魔になる試料のスペクトル測定（赤外吸収やプロトン NMR など）の際の溶媒として用いられています．また，例えばエステルとしてお馴染みの酢酸エチル $CH_3\text{-}CO\text{-}OC_2H_5$ の場合には，重酸素（^{18}O）でラベルすると $CH_3\text{-}C^{18}O\text{-}OC_2H_5$ と $CH_3\text{-}CO\text{-}^{18}OC_2H_5$ のような同位体置換箇所の違うアイソトポマーが存在します．これを用いて加水分解反応の機構の解析が行われたのは有名な話ですが，この場合，重クロロホルムのように全部を別の同位体で置き換えなくとも，特定のサイトだけの同位体存在比を検出可能となるまで大きくするだけで十分なのです．

なお，どちらかというと無機化学（錯体化学）の方で重要な異性体には，イオン化異性体，配位異性体，結合異性体などがあります．これらは構造異性体に分類されるものですが，このほかに有機化合物と同じように幾何異性体と光学異性体も存在します．でもやや専門的に過ぎるので，必要ならば錯体化学のテキスト類をご覧ください．

13·5 医薬品と立体異性

パーキンソン病に処方される「レボドパ」（◆）と呼ばれる薬剤があります．これは L-ジヒドロキシフェニルアラニン（L-dihydroxyphenylalanine）の省略形で，以前はドイツ語風に Laevo-Dioxyphenylalanin と呼んでいたころの略称がそのまま残っているのです．これは，普通 L-DOPA と略されますが，普通にあるアミノ酸のフェニルアラニン（L-体）の 3,4-ジヒドロキシ誘導体なのです．ところが，これの光学異性体である D-dihydroxyphenylalanine（D-DOPA）はまったく薬効がありません．

以前に問題となったサリドマイドも光学活性化合物なので，R-体と S-体が存在します（この R- と S- は，アミノ酸などで用いられる D-, L- などの系列名のもっと一般的な分類にあたります）．

◆ レボドパの構造式

第 13 章 立体化学と異性体

このうち R-体には優れた鎮静・睡眠作用があるのですが，S-体の方は催奇性物質なのです。最初ドイツで製品化されたときは，これを上手に光学分割する方法がまだありませんでしたので，等モル混合物（ラセミ体）のまま薬品として販売されました。その結果，四肢欠損などの犠牲者が多数出現し，結局製造／販売ともに中止になりました。

催眠作用のある R-体のみを分離して，これを薬剤として用いたら無害だろうと誰でも考えるわけで，この光学分割を行って R-体のみを実際に処方することも試みられました。ですが，困ったことに，生体内ではこの R-体はゆっくりとラセミ化し，望ましくない S-体が生成してくるのです。つまりせっかく光学分割しても無駄だったのです。

でもこの催奇性は新生毛細血管の発育阻害が原因なので，これを転じて，ハンセン氏病や悪性腫瘍の治療に使ってみようという試みが始まり，現在では特別なケースに限って使用が認められるようになったそうです。

モルフィンアルカロイドの誘導体であるデキストロメトルファンは，優れた鎮咳作用のある薬剤で，世界的にもかなり広く使用されています。わが国でも「メジコン®」（塩野義製薬）などの名称で販売されています。ところがこれの光学異性体にあたるレボ（レヴォ）メトルファンは，オピオイド類似の強力な麻酔作用を持つもので，生理作用がまったく異なり，わずかな服用量でも生命にかかわる可能性すらあるのです。この薬剤は，パトリシア・コーンウェルのスカーペッタシリーズの一つである『証拠死体』（講談社文庫）にも取り上げられています。

章末問題

13.1 エチレンの水素原子を 2 個塩素原子で置換したものの可能な構造をすべて描いてごらんなさい。

13.2 プロパノール，ブタノール，ペンタノールのそれぞれの異性体のうちで光学活性体が存在するものの構造式を描いてみてください（炭素骨格と –OH 基だけでよい）。

13.3 酒石酸はパストゥールが示したように D-型と L-型の異性体が存在することがわかったのですが，これとは別の第三の異性体の存在もパストゥールによって予想されました。なぜ第三の異性体が存在しうるのでしょう？

13.4 不斉炭素原子を含まない有機化合物でも光学活性を示すものがあるということです。どのような分子だったらこのような現象があり得るのか，例を記してごらんなさい。

13.5 澱粉（デンプン）とセルロースはどちらもグルコース単位が縮合してできているポリマーです。人間の消化器は，澱粉は消化可能ですが，セルロースを消化することはできません。これは分子構造のわずかな違いによるのですが，どのように違っているためなのでしょう？

臨床医学や看護学と化学との関わり

　もともと，クリミア戦争（1853-1856）の頃に，いろいろな悪条件の下でも傷病兵の治療や看護に大変な努力を惜しまなかったフローレンス・ナイティンゲール（F. Nightingale；1820-1910）は，当時の最新知識であった高熱水蒸気や薬品による消毒，殺菌処理を大活用して，スクタリの野戦病院に送られてくる負傷した兵士たちの死亡率を大幅に減少させることに成功したのです。これこそ十九世紀以後の医学の進歩に大貢献した三偉人の一人（あとの二人はフランスのパストゥールとドイツのレントゲン）と今でも讃えられる大貢献だったのですが，昨今のわが国の看護学の教育課程では，彼女がもう一つ重視した「心のケア」ばかりに重点が置かれ，当時最新の知識だった「滅菌・消毒」の利用や，ふさわしい薬品の巧みな活用についてはほとんど教えられぬままになっているのが現実のようです。そのためでもありましょうが，どう見ても「トンデモ医療」としか思えない施療を実行して憂うべき結果となってしまった例もしばしば新聞記事になったりします。

　医学の世界は，東西を問わず数千年の歴史があるため，かなり保守的な伝統があり，麻酔や化学療法などについても，少し以前までは懐疑的な大先生の数は決して少なくはありませんでした。でも西洋ならばヒポクラテス，東洋であれば華陀や張仲景以来，「患者を救う」という目的のためにはずいぶん思い切った手法も試みられ，これが好結果を得るとやがて「秘伝」となり，じわじわと周辺に広がってきたのです。

　十六世紀に活躍した一代の名医で，今日でも名の高いパラケルスス（本名はTheophrastus Bombastus von Hohenheim, 1492-1541）は，当時の医師たちがほとんど見放した数多くの重病の患者に，いささか過激とも思える薬剤療法を行っ

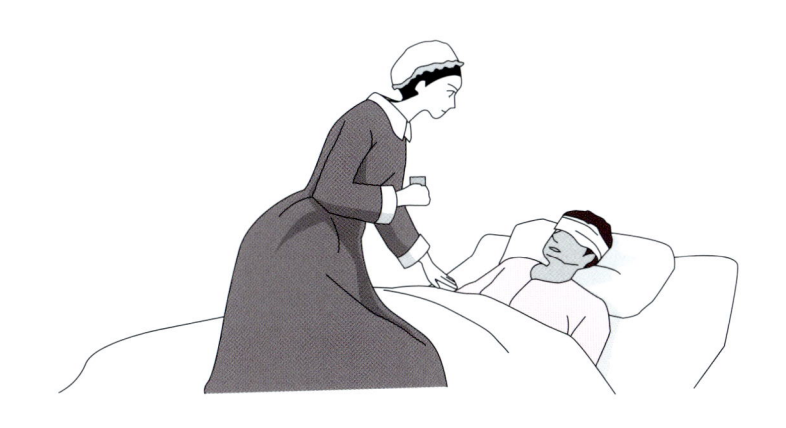

て，奇跡的に治癒させることに成功し，そのために「魔法使い」なのではと噂されていました。ほぼ同時代にフランスで活躍したノストラダムス（本名は Michel des Notredames，1503-1566。アンリ二世やカトリーヌ女王の侍医でした。わが国では彼の著したとされる長大な予言詩の方で有名になりましたが）も，昔風の修業だけしかしていなかった医師たちには毒物としか思えなかった，「砒素」（これは現在の亜ヒ酸にあたります）や水銀，アンチモンなどを含む副作用の大きな薬剤を巧みに処方して，当時のヨーロッパで猛威を揮っていた梅毒（コロンブスの船団の水夫たちが新世界から持ち込んだ）やペストなど，当時の医学では手の施しようのなかった悪疫の患者の命を救ったことで有名になったのです。もちろん彼らが名声を博したのは，「Dosis facit veneum（毒も薬も匙加減次第）」というパラケルススの名言通り，患者それぞれの病状を正確に診断して，ちょうどふさわしい量の薬剤を巧みに処方して服用させたことで好結果を得たためなのですが，このような診断と調剤のテクニックがきちんと身についていなかった当時の医師たちにとっては，まさに魔法のように思えたことでしょう。

ただ，この医療科学（イアトロ化学とも呼ばれます）の伝統を継いでいると称している現在のホメオパチー（同種療法）は，そもそもの創始者のパラケルススの名言「毒も薬も匙加減次第」をゆがめて解釈しているようで，現在のこの信奉者の中にはかなりいかがわしい面々の方が多いらしいのです。この現在のホメオパチーでは，「希釈操作」というのに何か神がかり的な重要性を付与しているようで，さる薬剤の場合（もちろん普通には毒物扱いのものなのですが），「十倍希釈を三十回繰り返す」という指示があったりします。

これがインチキであることは，最初に述べたアヴォガドロ数（六千垓，つまり 6×10^{23}）を考えると，10^{30} 倍に希釈したら，もともとの有効成分など一分子も残っていないことからすぐわかります。これでは『水が言葉を記憶する』なんてイカサマベストセラー（英語版もあるそうですが）をものされた某先生のご託宣とほとんど違いがありません。

最初にも記しましたように「化学は自分や他人にとって有害なインチキなご託宣から身を守るため」にも重要なのです。

第 14 章 放射能と放射線

> **本章のポイント**
> 「放射能」を正しく理解する／原子核の壊変と半減期／放射性核種／「放射線」と「放射能」の違い／様々な放射線／身の回りの放射線

14.1 「放射能」はコワイのか？

　わが国は二度も原子爆弾の爆撃を受けましたし，その後も第五福竜丸事件や福島の原子力発電所事故などがありました。そのために放射性物質や原子核関連の教育がとかくなおざりにされてきた傾向がありますが，世の中には，きちんとした知識もないままに，「とにかくこわいんです！」とわめき回り（これはまさに無知なるが故の恐怖心です），そのためによく「放射脳」などと揶揄されるようなノイジィマイノリティが発生しました。しかもこのような方々は，自分に都合のよいヘリクツ理論や，トンデモ権威筋からの怪しげなデータばかりを採用し，きちんとした結果が出ていても「御用学者の妄言」などとアタマから決めつけてまったく耳に入れようとしません。

　じつはこの連中こそ諸悪の根源なのではないかと思われるのですが，政治家もお役人もこの種の連中相手にはなかなかうまい対策が立てられないのが現実のようです。「そんなに原発が怖いのなら，思い切って一番遠い地球の反対側（ブラジル）にこの連中をみんな連れて行けばいいのに」と言われた識者も居られました。じつはブラジルの大西洋岸地域（リオデジャネイロの北東方向 300 km ほどの大西洋沿岸）にあるグアラパリという観光地（「radioactive coast」を名乗っています）付近には，環境放射能がいまの福島原発の事故のあとの「警戒避難区域」以上の地域（場所によってはもっと高く，「帰還困難区域」並みの環境線量になっているところすらあります）がたくさんあって，しかも何百万人もの人間がそこで健康に暮らしているのだそうです。ずいぶんキツイ皮肉でもありますが，地球は広いので，世界各地にはもっと環境放射能が高い場所がいくつもあって，その中でもイランのラムサール地方（湿原の環境保護条約として有名な『ラムサール条約』でお馴染みですが），華南の広西省の陽江地区，インドのマラバル海岸のケララ州などが古来有名であります（『世界各地の大地から受ける年間の自然放射線量』1993 年国連

科学委員会報告書より。このほかにも，札幌医科大学の高田純教授が各所で紹介して居られます）。これらの地域の環境放射能の原因は著しく長寿命のトリウムやウランなどの壊変により生じる核種なので，それこそ何万年も昔からこの状態が続いているのです。

また各地のラジウム温泉地域などでも環境放射能は高いのですが，この地域に住んでいる方々は悪性腫瘍（つまり「癌（がん）」）の発生率が周辺に比べると格段に（有意の差で）低いことが知られています（もちろん「放射能が怖い」面々にはアタマから無視されていますが）。

もともと「**放射能（radioactivity）**」は，フランスのアンリ・ベクレル（♣）が，ウラン鉱石（ピッチブレンド）と写真乾板を，机の同じ引き出しにしまっておいたところ，直接接触しているわけでもないのに著しく感光していたことから発見されたと言われます。当時はドイツのレントゲン（♣）によって X 線が発見（1898）されてからまだ日も浅かったこともあって，この発見はずいぶんとセンセーションを巻き起こしました。キュリー夫人（♣）のラジウムの発見に導いたのも，このウラン鉱石の示す放射能が，精製したウラン化合物よりも格段に大きいことが探索の端緒の一つとなった事は有名であります。

♣ アンリ・ベクレル
Henri Becquerel (1852-1908)

♣ レントゲン W.C.Röntgen
(1845-1923)

♣ マリー・キュリー
Marie Curie (1867-1934)

14-2 壊変定数と半減期

放射性の原子核の壊れ方は，そのときに存在している問題の原子核（個数 N）の一定の割合が放射線を放出して別のものになるという，いわば確率的事象です。時間を t として数式で書くと

$$\frac{dN}{dt} = -\lambda N$$

のように書けます。これは化学でいう一次反応の速度式と同じです。このままでは微分方程式の形なので，普通よく用いる積分形に直すと

$$N = N_0 \exp(-\lambda t)$$

となります。

この「λ」は**壊変定数**（decay constant, disintegration constant）といい，時間の逆数を単位としています。ただ，これは物理学者以外には使い勝手が悪いので，通常は最初にあった核種の数が 1/2 になるまでの時間をとり，これを「**半減期**」と呼んで，もっぱらこちらを使います。なお「崩壊定数」という術語を愛用される向きも物理学者には多いのですが，素粒子などのように壊れたら無くなってしまう（エネルギーに化けてしまう）場合にはふさわしいのですけれど，化学の場合には壊れて出来たものについてまた論じなくてはならないことが多いので，訳語も

「壊変定数」の方が主に使われています。

　このような放射壊変はランダムな事象ですから，壊変数には当然ながら揺らぎが存在します。それに加えて計測の誤差も得られた数値には入ってきます。

　なまじっかディジタル表示で表されるため，統計や誤差という概念のまったくない政治家や役人連中は，計測値を無限大の有効数字のあるものと考えて，「農産物の廃棄処分」なんてやっているようです。昨年でしたか，福島産の玄米の放射能が規格よりわずかに高かったために出荷停止としたというニュースがありましたが，このときの計測値は確かキログラム当たり 100 ベクレル (Bq) 程度でした (♦)。

　このようなランダムな事象の計測の場合は，計測値を N としたとき $\sqrt{N}$ ほどの揺らぎが必ず随伴します。ですから今の場合なら 100 ± 10 ぐらいの揺らぎが不可避なのです。農産物の場合には，当然ながら物理的にも均一な試料ではあり得ないので，これに加えてサンプリングによる揺らぎも当然あるわけですから，このときの報道にあったように「規定が 100 なのに計測値が 105 になったからダメ」というのは，あまりにも杓子定規な取扱いとしか言いようがありません。

　天然にも不安定な原子核を含む核種は結構多数存在し，その中で寿命の長いものは地球の年齢（およそ 45 億年）ぐらいでは全部が壊変せずにまだ残っています。これらは「一次放射性核種」と呼ばれるもので，重要なものとしては次のようなものがあります（括弧内は半減期）。

　^{238}U (4.468×10^9 年)，^{232}Th (1.405×10^{10} 年)，^{235}U (7.038×10^8 年)

　もっと身近なものとしては ^{40}K (1.277×10^8 年) が挙げられます。さらに宇宙線などの影響で生じる放射性核種（こちらは誘導放射性核種といいます）の中で重要なものとして ^{3}H (12.5 年)，^{14}C (5760 年) があり，当然ながらわれわれの身体の中にも定常的に入り込み，また排泄されているのです。

　このほかに天然に存在する二次放射性核種と呼ばれるものがあり，^{238}U，^{232}Th，^{235}U の壊変によって生成したウラン系列，トリウム系列，アクチニウム系列の各核種のことです。半減期は ^{238}U，^{232}Th，^{235}U に比べてずっと短いのですが，ポロニウム (^{210}Po) は，ラジウム (^{226}Ra) と同じようにキュリー夫妻 (♣) の発見したもので，ウランの壊変生成物に属しています（もっとも，いつぞやのロシアの元スパイ殺人事件の折りに使われたポロニウムは，別の核反応で製造したものでした）。

　純粋なウランの化合物は，普通にはほとんど放射能が検知出来ないぐらいです。なにしろ壊変の半減期が長い（48 億年）ので，1 グラムの純粋なウランがあったとしても，その放出する放射能はラジウムに比べた

♦　放射能に関連する単位はいろいろあり，その相互換算も結構厄介なのですが，一番基本となるのは放射性核種の壊変数で，毎秒 1 原子の壊変をベクレル (Bq) で表し，毎秒 37 億壊変をキュリー (Ci)（これは元々ラジウム 1 g の壊変数として定義されました）で表示することが多いのです。この壊変による放射線をいろいろな物体が受けたとき，どのぐらいエネルギーを吸収するか（吸収線量）の尺度がグレイ (Gy) ですが，人体などの生物体が受けた場合，放射線の種類による影響度の違いが大きいので，この係数（放射線加重係数）を吸収線量に掛けた値が「線量当量」となり，この単位がシーベルト (Sv) となります。

　もっと詳しいことをお知りになりたい方は，財団法人 高度情報科学技術研究機構 (RIST) が運営している原子力百科辞典 (ATOMICA) のウェブページ (www.rist.or.jp/atomica/) をご参照ください。ほかにもいろいろなウェブページがあるのですが，ずいぶん怪しげな説明もあるので，信頼度においてはここが一番高いかと存じます。

♣　ピエール・キュリー Pierre Curie (1859-1906) と先述のマリー・キュリー

らずいぶんわずかな（10万分の1程度）ものですし，しかもこの核種の放出するのはα粒子だけですから，ウラン化合物の容器の外側からは普通ならほとんど検知できません。

14.3　「放射線」と「放射能」の違い

ところで，上記の「放射脳」連中にはいくら説明してもわからないらしいのですが，「**放射線**」と「**放射能**」とはまったく別の概念なのです。いまの「放射能コワイコワイ症候群」などと揶揄される面々に対しては，さる放射線医学の大権威から「いわゆる放射能が有害なのは，民主党の K 総理大臣（元）の支持者だけに限られているとしか思えない」という，ずいぶん皮肉なご託宣すらありました。以前の原子力船「むつ」の騒動のころから，マスコミがこの区別がつかないために，微量の放射線のリークがあっただけなのに，「放射能漏れが検知された！」とわめき回る報道陣のせいで，わが国の原子力行政は著しく遅滞を余儀なくされました。

以下ではこのあたりをきちんと解説しておくことにしましょう。自然環境や通常の食品などにだって，程度の差はあるものの必ず放射能を帯びた原子核（核種）が含まれていますし，さらには人体それ自身も結構な量の放射線をあたりに放出しているのです。医療用には時として（短時間ではありますが）かなりの量の放射線を人体に照射したり，あるいは放射性の医薬品を投与したりすることも少なくありません。でも，このような医療用の使用についてまでクレームをつける方はほとんどおいでにならないはずです。もっとも，たまにはそういう面々もおいでで，お医者様や放射線技師の方々を困らせているという話は伺ったこともありますが。

「放射線（radiation）」には，本来ならずいぶんいろいろなものが含まれます。原子核から放出される α 線，β 線，γ 線のほか，宇宙線（太陽その他からやってくる高エネルギーの粒子線），電磁波一切（つまり高エネルギー側から列挙すると，γ 線，X 線，紫外線，可視光線，赤外線，電波（マイクロ波，短波，中波，長波）など）が普通に考えられるものですが，最近では癌治療などに用いられる重粒子線もこれに含めてよいでしょう。ただ，狭い意味だと X 線や γ 線のほか，α 線や β 線，中性子線などの粒子線だけを意味するものとして使われます。

これに対して「放射能（radioactivity）」は，放射線（α 線，β 線，γ 線など，つまり上の「狭い意味の放射線」です）を放出する性質を指すのが本来で，このような性質を持つ原子核（核種）や物質を含めて呼ぶこ

ともあります。ですから「放射線が漏れた」という場合と,「放射能が漏れた」という場合の対策はまったく別なので,放射線だけの漏れであれば,適当な遮蔽材でまず遮断し,それから発生源を取り除けばよろしいのです。

一方,放射能が漏れたとなれば大問題で,漏れが停止したら即時に除染(デコンタミネーション)を開始し,周辺に対する影響を可能な限り迅速に減らさなくてはなりません。その昔きちんと放射化学の基礎をたたき込まれた人間ならこのあたりは骨身にしみてわかっているはずのものです。まして今回の福島の事故の場合,漏れ出した放射能のほとんどは水溶性のものばかりでしたから,大量の水で洗い流して,環境の放射能の揺らぎ(これは結構大きいのです。さる反原発論者の主張する「放射能ゼロが目標!」なんという世迷い言など信用してはいけません)の幅に入るぐらいに希釈してしまえば,環境(河川や海洋)中に放出しても構わないのです。これなら別に専門の除染業者の手を煩わさなくとも,水洗いですから普通の人間にだって可能で,あとの検査だけ信用のおける専門家に依頼すればいいのです。急ぐなら消防車からの高圧水流の方がずっと効果的だったでしょう。

少なくとも交通機関や病院その他の公共施設などの重要な部分から,高圧水洗などで即時に念入りな除染(現代の技術なら,昔のビキニ原爆実験の頃に比べたらずっと容易になっているはず)を行うことが本来なすべきことでした。

14・4　放射線の分類,電場・磁場と放射線の相互作用

ベクレルやキュリー夫妻が盛んに研究を始めたころから,これらの放射線に対する電場や磁場の影響を調べる試みが始まっていました。また,周囲の気体をイオン化する性質はどのように違うかなど,当時の貧弱な測定用の機器を活用しただけでもずいぶんいろいろなことがわかりました。まず放射線には三種類あり,それぞれにα線,β線,γ線という名称が与えられたのですが,α線は質量が大きく,そのために紙一枚でも容易に遮断することができます。これはプラスの電荷を帯びていて,あとでヘリウムの原子核そのものであることがわかりました。希ガス元素を発見してノーベル賞を受けたラムゼイ(♣)が,非常に薄いガラス(厚さが0.5 mm以下,これならα粒子は透過可能なのです)で出来た,ラジウムを入れて封じた針状の管を真空装置に入れて,この外側の空間の気体の発光スペクトルを測定したところ,紛う方なくヘリウムのスペクトルそのものであったことから,ヘリウムがラジウムから放出

♣ ラムゼイ W.Ramsay (1852-1916)

第14章　放射能と放射線

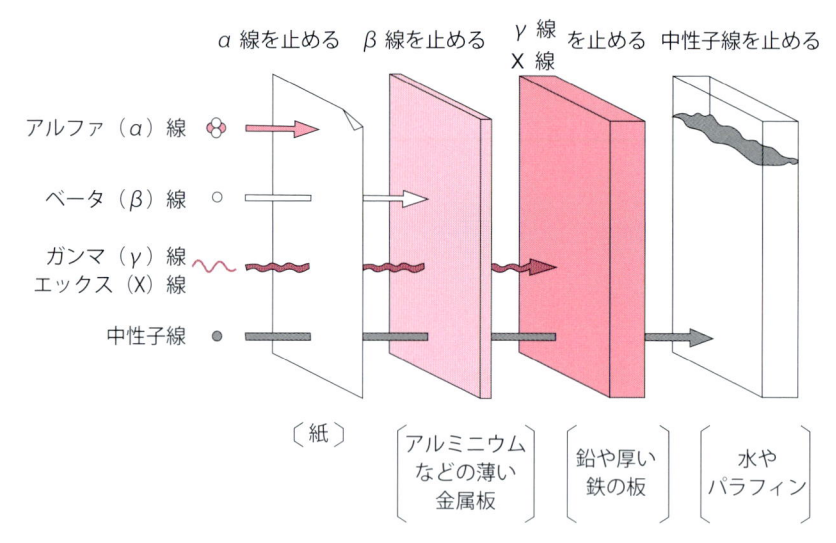

α線を止める　β線を止める　γ線を止める　中性子線を止める
　　　　　　　　　　　　　X線

アルファ（α）線
ベータ（β）線
ガンマ（γ）線
エックス（X）線
中性子線

〔紙〕　アルミニウムなどの薄い金属板　鉛や厚い鉄の板　水やパラフィン

図14・1　放射線の遮蔽（財団法人日本原子力文化振興財団『「原子力・エネルギー」図面集』より）

されるα粒子の成れの果てであることが巧みに証明されたといわれます。

　この薄いガラス管に封じたラジウム（ラジウム針）の利用は，現在は昔ほどではなくなったものの，子宮癌の手術後処理のように，局所的にα粒子照射が必要な場合などに以前通り使用されているということです。

　β線は高いエネルギーを持った電子の流れです。こちらは紙一枚ぐらいでは平気で透過しますが，薄いアルミニウムの板（厚さ1mmもあれば十分）で遮ることが出来ます。

　γ線は高エネルギーの電磁波で，X線よりも波長が短い（つまりエネルギーが大きい）ので，透過力も大きく，厚さ数センチメートルの鉛などを遮蔽剤に使うことでようやく遮ることができます。

　原子炉などからの漏れが問題になる放射線としては，このほかに中性子線があります。これは透過力が大きいので，鉛の板ぐらいは通過してしまいますが，水やパラフィンなどプロトンがたくさん含まれる物質が有効な遮蔽材として機能します。**図14・1**は，日本原子力文化振興財団『「原子力・エネルギー」図面集』にあった模式図で，なかなかよくまとめられていますので引用しました。

14・5　身辺の放射線

　われわれの身の回りには結構たくさんの放射性物質が存在しています。ただその量は，「放射脳」連中が騒ぎ立てるほどキケンな量ではありません。それに地球以外から降り注ぐ宇宙線などによる環境放射能も，場所によっては半端ではない量（線量）でもある（おまけに大幅に

変動する)のですし，ロシアや中国などの陸上での核実験による放射性の塵のわが国にやってきた量も相当なものでした．ちょうど昭和39年の東京オリンピックの頃（中国がロプノール地域で何度も核実験を繰り返していました），東京大学の早野龍五先生が，計測器を持って都内あちこちとモニタリング調査をされた結果はご自身のウェブにも載っているのですが，このころの環境中のストロンチウムやセシウムの量は結構

コラム

バナナ単位 BED（バナナ等価線量 banana equivalent dose）

もともとは英国のBBCの記事から始まったということですが，線量当量の単位であるシーベルト（Sv）があまりにも大きすぎる単位（1シーベルトも浴びたら普通の人間は死んでしまいます）なので，実用上は不便であるのを何とか回避しようとして，ジョーク半分に定められた単位だったのに，いつの間にか市民権を得たようで，専門の記事にも見られるようになりました．あちらでも「10の何乗」というのは一般人にはわかりにくい事柄であることがよくわかります．

もともと植物性食品は例外なくカリウム分に富むのですが，食品成分表などを参照すると，普通の食品の中ではバナナが多い方の旗頭といえるのです．大きめのバナナ一本の可食部は約 150 g．この中のカリウムの量はおよそ 540 mg にあたります．カリウム-40 による放射壊変数は 1 g あたり 30.4 ベクレル（Bq）あるので，経口摂取の場合で計算してみるとバナナ1本当たりの壊変数はほぼ 16 Bq となる計算です．経口摂取の場合の K-40 の実効線量係数は 6.2×10^{-9} Sv/Bq となっているので，セシウムもほぼ同様に体内で挙動するとするならば，実効線量は年間でおよそ $0.1\ \mu$Sv となります．普通の大人の体内にもともと定常的に存在しているカリウム（K-40）による放射能はおよそ 4000 Bq，これによる被曝線量は年間当たり 0.17 mSv ですから，われわれ人間自体も結構な量の β 線や γ 線を自分のみならず周囲にまきちらしていることになります．カリウムは栄養無機塩の一つでありますから，毎日のように摂取・代謝されているので，ほぼ定常的に浴びている放射線の量がこの程度あることがわかります．

「1ベクレルといえども放射能が自分の周りに来ることなど断じて許しません！」などと宣う「放射脳反原発団体」のスローガンが如何に無意味かおわかりいただけるでしょう．こんなことを言われたお役所の当局者の中の一人ぐらいが「それじゃあ一人当たりで何千ベクレルもの放射能をまきちらしているあなた方を，みんな簀巻きにしてビキニあたりの海の中へ放り込もうか！」と喝破しても，どこからも文句など出なかったと思われます．

第 14 章　放射能と放射線

大きかったので，いまでもその残りが検知出来るほどです。現在だって，毎年のように冬から春にかけてやってくる黄砂も，以前は内蒙古のあたりが主要な発生源だったのですが，このごろはタクラマカン沙漠（ロプノール近傍で，その昔の核爆弾の実験場）あたりから来るものが増えてきたことが気象台その他からの黄砂予報からもよくわかります。それなのに誰ひとりとして「コワイ」とはおっしゃらないようです。まさかあちら製の爆弾は「キレイ」で，日本の原子力発電所からでるものだけが危険だというのではないだろうと思うのですが…。

　前述のように，われわれ人間自体も周囲にかなりの量の放射線や放射能を放出しているのです。また，日々の食餌ですら結構な量の放射性核種を含んでいます。もちろんこれにだって地域や献立次第でかなりの変動がありますが。そのためもあって，英国の BBC 放送が「バナナ等価線量（バナナ単位）」なるものを提案したことがあります。もちろん最初はジョークだったらしいのですが，いつの間にか世人の認める所となって，専門のジャーナルの学術論文にも登場するようになりました（前頁のコラムをご参照ください）。

章末問題

14.1 ウラン 1 g の出す α 粒子の数は，1 秒間に何個になるか計算してみなさい。

14.2 クライヴ・カッスラーの海洋冒険小説の中に，「その昔ナポレオンが特別に作らせた銘酒（ワイン）」が登場するものがあります．これがホンモノか偽造品かを判別するには，適当な放射性核種が利用できるはずです。使える核種としては下記のようなものが挙げられますが，このうちどれが最適でしょうか。理由を付して答えなさい。

$$
\begin{array}{lll}
\text{H-3} & \text{半減期} & \text{12.5 年} \\
\text{C-14} & \text{半減期} & \text{5570 年} \\
\text{K-40} & \text{半減期} & \text{12.5 億年}
\end{array}
$$

14.3 大都会付近のラッシュアワーの満員電車にキミが乗ったとします。周りの人たち（ほぼぎっしりと，いわば緊密充填状態）の身体からキミが浴びる放射線（ほとんどがカリウム-40 からの γ 線です）の量はどのぐらいになるか推算してごらんなさい．必要な数値は本章コラムの「バナナ等価線量」あたりを参照されるとよいのですが，不足なら最も信頼できると思える数値を参考書などで調べて利用すること。

14.4 物理学のテキストなどでは，「原子番号 82 の鉛よりもあとの元素の原子核はすべて不安定である」と記してあります。ですが，原子番号 83 のビスマス（蒼鉛）は通常は放射性元素だとは見なされません。どうしてでしょう？

14.5 通常の電子と陽電子とが衝突すると，消滅して光子（γ 線）になります。つまりエネルギーに転換するわけです。このときには通常は 2 個の光子が生じるのですが，このエネルギーを電子ボルト単位で求めてみなさい。

14.6 同じように，プロトン 1 個が完全に光子に転換したとき，そのエネルギーは電子ボルト単位でいかほどになるでしょうか？

おわりに

　みなさま方が将来において，いろいろと不明な事柄を調べなくてはならなくなったとき，やはり一番頼りになるのは，まず何と言っても恩師や先輩の方々なのです。平素から接触している時間が長く，問題となる案件について，こちらがどのぐらいまで知っているか（あるいは知らないのか）をよくご存じの方々なら，やたらに難しい説明とか，逆に不必要に詳細な解説などをされることはまずありません。時間的にもずっと経済的であります。

　その次に便利なものは，「三次情報」と呼ばれる，内容が精選されたデータ集や辞典類です。わが国で刊行されている専門の辞典や便覧類のレベルはかなり高く，海外へ留学される方々もわざわざお持ちになる例が少なくありません。もちろんあちらにだって似たようなものはあるのですが，編集方針の違いなどもあり，必ずしも便利ではありません（数値のミスも少なくないのです）。諸兄姉も将来そのようなご予定があるのなら，専門分野関連の辞典を少なくとも一冊はご持参されることをお勧めします。なおほとんどの辞典類は巻末に英文索引がついていますが，これが貴重でかつ便利です（並みの英和辞典などよりも，はるかに優れた専門語の辞典として役立つのです）。

　実際に化学関連の研究を始めるようになると，この次に来るのが「二次情報」で，以前なら「抄録集」とか「表題誌」などと呼ばれたものです。二十世紀の初頭から『Chemical Abstracts』という世界最大の抄録誌が有名でした。大型コンピュータの能力の向上とともに電子化され，いわゆる「データベース」ができ，これがやがて他分野にも波及して，医学，薬学，特許など要求の多いところから順に電子情報検索が行われるようになってきました。最初のうちはコンピュータの能力やネットワークの容量，利用資格や使用課金の問題などいろいろなバリヤーがあってなかなか普及しませんでしたが，時は金なりという分野が増えてくると，利用者も激増してきました。

　現在では『SciFinder』のようにオンライン化されたサーヴィスも増加しましたが，これらから必要なもの（情報）を探し出すには，やはり一日の長のある先輩方に手を取って教えていただくしかありません。普通のネットで，あまり重要度の高くない案内情報を探すのとは違った格段の難しさがあるのです。

　化学関連の分野で，さらに深く調べたい場合には，この二次情報で得られた文献データを頼りにしてオリジナルの論文や文書を調べることになります。これらが「一次情報」と呼ばれるもので，この中には学術雑誌論文や特許文書，単行本や学位論文，国際会議議事録なども含まれます。つまり原則として具眼の審査員による審査を経て公開されたものということになっているのです。最近ではこれ

おわりに

らも新しいものからオンラインアクセスが可能になってきましたが，化学や医学関連のものの場合，時として百年以上昔のオリジナル論文や研究報告などが必要になることも少なくない（これが素粒子物理学のようなせわしない分野とは違うところです）ので，これらの原文献をどのようにして探し出すかで自分の実力が問われることとなります。

通常のネット情報は，こと化学に関連したものだと，初めての方々が何か意味のあることを探索しようとする場合には，ほとんどが信頼度の低いマユツバ的なものしか得られないものですから，時間の無駄でしかありません。経験を積んだ方々なら，一見ガセに見える屑（くず）情報のなかから貴重なデータを拾い出すことだって可能となるのです。諸兄姉が早くこの段階に到達してくれることを期待したいのです。

あと，Q＆Aのコーナーや質問箱の類は，ほとんどが善意の方々の手によって運営されています。最初のところで触れた芦田実先生の質問箱など，ほんとうにわれわれが見ると頭の下がる思いです。ですから，「至急回答がほしいんです！」なんていう，無責任な実験レポートの丸投げ（すぐにバレます）や多重投稿などは，人サマのせっかくの好意をふみにじるようなものでしかありません。大体，それぞれの実験の解説や，教官からの指示がどのように行われているのかがまったくわからない第三者が，こんなレポートの下請けで結果の吟味や考察などできるわけがないのです。巨大掲示板の『2チャンネル』の「化学板」などをみると，質問者自身が，何を聞きたいのかをきちんと表現出来ないために，解答者側があれこれと推量をたくましくして，その結果やたらに七面倒な説明になっていたり，とんでもない誤解を招いたりして，悲劇的な結末となっている例が少なくありません。もう一つは，文部科学省の支配下にある学校教育での行き過ぎた用語統制の結果，やたらに言い換えや交ぜ書きなどが横行し，一見同じ言葉でも分野が違うと読み方も意味も大きく違っていることが，質問者の方々にはほとんど気づかれていないためでもあります。

このようなネット情報を有効に利用するためには，せめてその前に，最初に紹介しておいた小辞典や図録類を参照（これだけで疑問点が整理されてはっきりしてくるはずです）してから質問されれば，何が本当の問題点なのかが絞られてきますから，そのあとなら，はるかに利用価値が大きくなり，得られる情報も質が高いものとなるのです。

せっかくの文明の利器が活用できるご時世なのですから，上手に利用して少しでも実のある情報を手早く入手できるように心がけていると，やがて「検索の名人」の域に達して周囲や後輩たちから頼られるほどの存在になれます。

解答の例およびヒント

受験時代と違って，大学から上の段階での問題に対する解答は唯一無二の正解だけが存在するとは限りません。幾通りもの正解がある場合とか，あるいは正確な解答は得られないけれど近似解だけ（これだと，必要とされる条件次第で幾通りも解答が出てくる），さらには自分で選択した数値のパラメーター次第で多種多様な解答となる例なども少なくありません。ですから，以下に示したものは単なる解答の一例だとお考えください。ただ，あまりにも数値の桁が違うような解答というのは，やはりどこかに間違いが含まれている可能性が大きいのです。

第1章　化学で使ういろいろな言葉や概念

1.1　(a) 6桁　　(b) 5桁　　(c) 4桁　　(d) 5桁　　(e) 3桁

1.2　(a) 3桁　　(b) 1桁　　(c) 3桁　　(d) 3桁　　(e) 4桁

1.3　(a) 4桁　　(b) 3桁　　(c) 4桁　　(d) 3桁　　(e) 2桁

1.4　(a) 421　　(b) 0.24　　(c) 0.0006302　　(d) 9.4　　(e) 378

1.5　(a) 2.4007×10^3　　(b) 3.7024×10^2　　(c) 5.64×10^{-6}　　(d) 4.32×10^{-3}　　(e) 3.840×10^{-2}

1.6　(a) 有効数字4桁　　(b) 有効数字3桁　　(c) 有効数字2桁

1.7　$22/7 = 3.142856\cdots$，$\sqrt{10} = 3.162278\cdots$ ですから，誤差の見積もりは簡単にできるでしょう。こういう所こそ電卓の出番です。

1.8　$\log(\text{googol}) = 100$。多くの関数電卓では10進法で指数部が2桁までしか表せないので，絶対値が1グーゴル以上の数や途中計算で1グーゴルを超える数式は扱えません。これは事務計算用のスプレッドシートソフトウェアでも同様です．

第2章　化学種

2.1　金，銀，銅，錫（すず），鉛（なまり），水銀，鉄，炭素，硫黄

2.2　もちろんラテン語由来だからです。

2.3　これは水銀を意味する漢字です。現代中国の周期表（すべての元素が漢字一文字で表現されている）でも「汞」が使われています。

2.4　この「土」は水に不溶，もしくは難溶の金属酸化物を意味しています。アルカリ土類金属元素のほかにも，「希土類元素」とか「礬土（ばん）（アルミナのことです）」などは今でも使われています。

2.5　ヘリウム。ヘリウムが命名された当時は，まだ希ガス元素が一つも発見されていませんでした。十九世紀には新元素は金属のみに限られているものと思われていたのです（現在でも未発見元素の系統名では，金属，非金属にかかわらず語尾が -ium になっていることに注意）。

2.6　「ハイポ」は正しくはチオ硫酸ナトリウム（$Na_2S_2O_3$），「ハイドロサルファイト」は亜二チオン酸ナトリウム（$Na_2S_2O_4$）といいます．昔は純品が得にくかったため，不正確な分析値にもとづいて，それぞれ次亜硫酸ナトリウム（sodium hyposulfite），亜硫酸水素ナトリウム（sodium hydrosulfite）だと誤認されたのです。

2.7　ネオジムとプラセオジムはどちらもドイツ語由来です。スペルはそれぞれ「Neodym」「Praseodym」です。英語では「neodymium」「praseodymium」というのが正しい名称です。

2.8　天然に一種類の核種だけしか存在していない場合には，質量分析計によって求められた有効数字10桁近くまでの精密な値がそのまま使えます。でも多数の核種が天然に存在して，しかもその存在比に大きく揺らぎが

解答の例およびヒント

認められる場合には，鉛のように小数点以下 1 桁までしか定められないのです。

2.9 現在のヒ素を意味する英語の「arsenic」は，もともとギリシャ語の「$αρσενικον$ (arsenikon)」に由来するものだと考えられていますが，これは最初は天然産の硫化ヒ素鉱物の鶏冠石（As_4S_4）のことだったとされています。やがてアラビア文化圏での錬金術師の手によって，鶏冠石の熱処理で白色の固体（白砒）が多量に生産されるようになり，Arsenikon という名称もこちらを指すものとして長いこと使われてきたからなのです。単体のヒ素（砒素）が単離されたのはずっとあとのことでした。

2.10 これは「燐」という漢字がもともと「ヒトダマ」を意味する漢字だったからです。元素の「リン (phosphorus)」に対してこの字を当てたのは，十七世紀以降に東洋へやってきたイエズス会の神父たちだろうと思われます。

第 3 章 モルの意味の変遷

3.1 モル濃度で表現してあるので，濃度を c，体積を V，酸や塩基の価数を n で表した
$$n \times c \times V = n' \times c' \times V'$$
に代入すれば求められます。

3.2 こちらは濃度を規定度で表しているので
$$N \times V = N' \times V'$$
に代入すればよろしい。一々この酸は何価だから… という計算の必要はありません。

3.3 1 トンは 1 メガグラム（Mg）です。水の分子量は 18 だから，18 トンが 1 メガモルということになります。あとは単なる割り算です。

3.4 リンゲル液の処方を元に陽イオンの当量数を計算すればよろしい。

3.5 Cl^-：16，$citrate^{3-}$：10，$lactate^-$：1 なので，合計すると 27（mEq/L）

3.6 1 μg $= 10^{-6}$ g $= (1/210) \times 10^{-6}$ mol $= 4.76 \times 10^{-9}$ mol

これにアヴォガドロ定数を乗じれば原子数が求められます。2.86×10^{15}ですから，およそ三千兆個にあたります。

3.7 上の数値を体細胞の総数で割れば求められます。

第 4 章 元素と単体，原子，分子，イオン

4.1 トリウムは 90 番元素なので陽子数は 90。したがって中性子の数は質量数との差だから $232 - 90 = 142$。

4.2 1 匁（3.75 g）の金の体積は $3.75/19.32$ cm^3 $= (3.75/19.32) \times 10^{-6}$ m^3 となるはずです。これを面積で割れば厚さが求まります。およそ 10 nm（100 オングストローム）程度となるはずです。金原子の大きさは，1 モルの体積が $196/19.32$ cm^3 なので，これをアヴォガドロ定数で割ると 1 個分の体積が求められますから，あとは球の体積の公式（$V = (4/3) \pi r^3$）から半径を求めることができます。

以前からよく言われる「狸のナントカ八畳敷き」という決まり文句は，その昔の箔師が金を叩いて延ばす際に，破れにくいからということで狸の皮をもっぱら使用していたからだということです。現在は牛の皮を使用しているらしい。

4.3 いくつも出ている最近刊行の「鉱物図鑑」類を参照されるとよいでしょう。わが国で初めて発見された珍しい元素鉱物としては，「自然ルテニウム」と「自然砒素（パラ砒素鉱）」があります。

4.4 多数の原子核について，バラバラの陽子と中性子の質量と，実際の原子核の質量との差を「質量欠損」というのですが，これが原子核中の結合エネルギーの尺度になります。最小となるのは質量数 56，つまり鉄の原子核のところです。これよりも質量数の大きな原子核のうち，中性子などを吸収すると不安定度が大きくなっ

て核分裂を起こすものが「核分裂性核種」となります。もちろん自然に核分裂を起こすものもあります。この際に余分な結合エネルギーが放出されるのです。いわゆる「原子力エネルギー」もこれを利用しているのです。逆に質量数の小さな原子核は，ほかの原子核と融合することで余分の結合エネルギーの放出を起こします。これが「核融合エネルギー」に他なりません。いわば核分裂も核融合もどちらも「自然エネルギー」の一つだと言えないこともありません。

4.5 水銀に次いで融点の低い金属には，セシウム（28.4℃），ガリウム（29.76℃）があります．まだ詳しく調べられていませんが，フランシウムもセシウムと同程度の融点（27℃）だろうと推測されています．

4.6 スズの同素体間の相転移です。高温側で安定の白色スズ（金属スズ）が，低温側で安定の灰色スズ（非金属スズ）へと変化する現象をいいます。

第5章　化学結合

5.1　等極性共有結合　N_2, I_2　　分極した共有結合　HCl, SO_2　　イオン結合　KCl, KBr, NaF

5.2　この問題となっている元素はみな典型元素なので，価電子殻が希ガス構造になるように電子の出入りを考えればいいのです。このとき，できるだけ少ない数の電子の脱離や添加となるようにすればよろしい。つまり

　　　　陽イオンになるもの　$Ba^{2+}, Al^{3+}, Sr^{2+}, Cs^+$

　　　　陰イオンになるもの　N^{3-}, S^{2-}, Cl^-

5.3　有機化合物の中でもイオンになりやすいものの多くは水に可溶です。そのほかには水分子と水素結合を作りやすい，つまり親水性の官能基を持っているものが水に溶けやすいのです。糖類やアルコール，アミンなどで，分子量があまり大きくないものは水に溶けることになります。

5.4　核の電荷，つまり原子番号の大きいものほど電子雲を引きつける力が大きいはずですから，同数の電子が同じ電子配置になっているなら，原子やイオンのサイズは，核の電荷が大きくなるにつれて小さくなるでしょう。

5.5　アデニン－チミン間には2本の水素結合，グアニン－シトシン間には3本の水素結合が出来ます。それぞれ過不足がないので，この構造の安定性が別の組み合わせよりもずっと大きいのです。

5.6　原子核の正電荷による最外殻電子への束縛が，原子番号の大きな希ガスの場合にはかなり小さくなり，何とか通常の化学結合を形成し得るほどの大きさになるからです。

第6章　物質の三態

6.1　氷の比重は水よりわずかに小さく0.92ぐらいです。$1\,m^3$の水が1トンにあたるのですから$1\,km^3$の氷は$0.92 \times 1000^3 = 9.2 \times 10^8$トン$= 9.2 \times 10^{14}$gということになります。

　　　ですから　ここで必要となる熱量は

　　　　　　$32.8 \times 9.2 \times 10^{14}\,(g) \times 80\,(cal/g) = 2.41 \times 10^{18}\,(cal)$

必要ならばジュール単位に換算すればよろしい。

6.2　臨界温度と臨界圧力の表を参照されれば，答えはすぐに出てきます。

6.3　インドのように高温低湿度条件では，大気中の水蒸気圧が十分に低いと，露点よりもっと低い「霜点」にまで達することがあり，このような条件下では大きな気化潜熱を利用して氷を作ることが可能となります（ヨハン・ベックマン『西洋事物起源』（岩波文庫）などに詳しく紹介されています）。

6.4　日本海から過冷却状態の水蒸気を含む風が吹き付けて，樹木の枝先で結晶化するのが原因なのです。

6.5　大河川からの淡水（比重が海水より小さい）が，氷点下に冷えている海の表面で氷結するためなのです。オホーツク海の場合には黒竜江（アムール川）から淡水が供給されています。

6.6　クスノキの材からは，箪笥の内部にゆっくりと樟脳が昇華してくれるので，貴重な衣裳に虫が付くことは

解答の例およびヒント

ありません。つまり入れ物自体に防虫作用が備わっているのです。

第 7 章　分子構造とスペクトル

7.1 水分子がマイクロ波を吸収できるのは，極性のある分子の回転運動に相当するエネルギーを電磁波の形で取り込めるからです．だからコチコチの氷結状態では，回転運動が厳しく束縛されて停止状態にあるので吸収できないのです（キッチンのノウハウ情報としてよく，「霧吹きで水を吹きかけてから」という指示があるのは，少しでも液体部分があれば，エネルギーを得て温度が上がってくるからです）．

7.2 メタンは 5 原子分子だから，赤外吸収スペクトルの振動モードは二酸化炭素よりずっと多いのです．実際に観測される吸収は，対称性がよいために縮重（違う振動モードでも同一の振動数となる）しているので，通常観測されるのは C-H の伸縮振動領域と H-C-H の変角振動領域に各一本なのですが，どちらの吸収スペクトル線も裾の部分が広く，そのため吸収強度は二酸化炭素のおよそ 30 倍もあります．一世紀以上前からの観測データによると，大気中濃度はおよそ 2 倍（1.1 ppm → 2.0 ppm）に増加していて，二酸化炭素濃度の増加（せいぜい 20 %）に比べるとその影響は無視できなくなりつつあるというのです．

7.3 PET はポリエチレンテレフタレート（poly (ethylene terephthalate)）の省略形ですから，テレフタル酸が骨格に含まれていることがわかります．テレフタル酸は芳香族化合物で紫外部領域に大きな吸収があり，絶好の紫外線フィルターとなっているのです．

　現在のトマトなどの果菜類のハウス栽培に際しては，マルハナバチなどの昆虫を授粉用に使用していますが，昆虫類は太陽からの紫外線に照らされないと活動しない（つまり彼らにとっては，ハウスの中はいつまでも夜が明けない状態）ため，悪評さくさくとなって製造中止に追い込まれたのだそうです．

7.4 水蒸気や二酸化炭素，さらに最近ではメタンなども大気の吸収の原因です．ひいては地球温暖化の要素でもあるわけです．

7.5 通常の分子などの結合の伸縮，変角振動などよりもエネルギーが低く（長波長側），分子の回転などの周波数よりはエネルギーが高い，ちょうど隙間に位置するので分子による吸収が小さくなっているのです．この領域に現れるのは高分子の鎖状の骨格の動きや，結晶格子の揺れなどの振動モードです．

7.6 普通のガラスは，不純物として鉄(II)イオンを含んでいます．昔のコカコーラの瓶など，青緑色をしていたのはそのためです．この色を消すために酸化剤（色消し剤）として二酸化マンガン（酸化マンガン(IV)）を添加するのが定法だったのですが，これで生成する Fe(III) は可視部にはほとんど吸収を持たない（だから無色化できる）のに，紫外部に大きな吸収があるため，いまの低圧水銀燈の発する光のかなりの部分を遮ってしまうからです．

第 8 章　酸と塩基・化学平衡

8.1 水に溶けないけれど酸として作用するものを考えればいいので，例えば陽イオン交換樹脂（ポリスチレンスルホン酸）や酸性白土（これは日本特産の粘土鉱物），土壌中の腐植質（フミン酸などを含む）が挙げられるでしょう．

8.2 水は自己解離をするので，純水にはもともと 10^{-7} mol L^{-1} の水素イオン（プロトン）が含まれているのです（だからいくら水で薄めてもこれより水素イオン濃度を下げることはできません）．

8.3 pH の値自体は確かに遊離酸とその共役塩基である陰イオンとの濃度比で定まるのですが，これに強酸や強塩基を添加したときの濃度比の変化は，もともとの酸やその塩の仕込み量によって大きく違ってきます．キレート滴定などでは，弱酸とその塩をどちらも 1 M ぐらい含む緩衝液が用いられますが，ガラス電極の較正用だと 0.1 M 程度，生化学実験用だと，あまり濃ければ浸透圧に影響を与えてしまうのでもっと低濃度のもの

が用いられます。

8.4 水準化効果が起こるので，ナトリウムアミドを水に溶かしてもアミドイオンは生じることはなく，水酸化物イオンとアンモニアになってしまうのです。

8.5 緩衝溶液のpHは，弱酸とその共役塩基の濃度比だけに関係するので，対となる陽イオンの方には左右されません。ですから，カリウムイオンの存在が望ましくない場合にはリン酸二水素ナトリウムを使うか，リン酸一水素ナトリウムを加えておいて塩酸を滴下することで，濃度比が好適な条件に調製するのです。

第9章　酸化と還元・熱力学

9.1 還元剤を標準溶液にすると，空気中の酸素の影響を受けて濃度が変化しやすいためです。

9.2 病原菌の多くは嫌気性の環境を好むため，酸素に弱いのです。ですが，いろいろな酸化剤の使い分けが行われるのは，一つには酸化反応の速度の違いと，あとの処理の容易さ，および人体に対する作用の違いが重視されるからです。

殺菌消毒と同じように，繊維の染色や染み抜きのときなどでもこの点は大問題で，そのために多種多様な酸化剤と還元剤の組み合わせが採用されています。

9.3 水を水素と酸素に分解するには，ほかからエネルギーを与えてやらなくてはなりません。これが十分に安価で潤沢に得られる（本多・藤嶋効果はこのために光エネルギーを活用できることに他なりません）のがこの種のエネルギー機関の根本なのですが，肝腎のその点が曖昧なままでしたから，まさに「第一種永久機関」と同じことになってしまうのです。

9.4 $2\text{Cu(I)} \rightarrow \text{Cu(0)} + \text{Cu(II)}$, $2\text{Mn(III)} \rightarrow \text{Mn(II)} + \text{Mn(IV)}$ (MnO_2)

9.5 $\text{C}(-\text{IV}) \rightarrow \text{C}(\text{IV})$

第10章　周期表と簡単な無機化学

10.1 水素は二原子分子で常温で気体，かつ一価の陰イオンを形成する能力もあるので，フッ素の上，ハロゲンに類似した性質だと考えられたのです。つまり「ヘリウムの電子配置には価電子が1個不足」と考えたことになります。メンデレーエフ以前に周期律の雛形のような「音階律」を考えたイギリスのニューランズ（J. Newlands）は，この点を重視してフッ素の上に水素を置いていました。

炭素の上に水素を置くというのは，「価電子殻が半分だけ満たされた構造」だと考えたためで，これはアリゾナ州立大学のサンダーソン（R. T. Sanderson）が最初に提案したといわれています。共有結合を論じるにはこの方が便利だということで，40頁の電気陰性度の表もこれに合わせてみました。

10.2 それぞれ，臭化セシウム，リン酸カルシウム（リン酸三カルシウムということもある），二酸化ジルコニウム，三酸化ウラン，セレン化カドミウム，二硫化モリブデン

10.3 それぞれの化学式は順に次のようになります。

KI, RaBr_2, CdSO_4, KIO_3, WF_6, TiO_2

10.4 中性原子の電子構造だけならテキスト通りで正しいのですが，化学的性質はむしろイオンになった状態の方が重要なので，化合物としてみると亜鉛族の元素は明らかに遷移金属元素の一員として扱うべきなのです。

10.5 よく「酸素ボンベを積んでいるのだ」なんて知ったかぶりをする人たちが居ますが，航空機は無駄な重量をできるだけ減らすのがモットーで，あんな鋼鉄の重い筒（しかもキケンなもの）をわざわざ運ぶなんてことは無理です。このためには塩素酸カリウムと鉄のやすり屑がパックしてあるキットが常備されていて，一朝事があれば両者が接触することで大量の酸素ガスが発生するように工夫されています。

10.6 昔から用いられてきた白色顔料の鉛白や胡粉は漆液の成分のウルシオールと反応して変色してしまうの

解答の例およびヒント

で，漆器で白色を表現するのは無理でした。二酸化チタンや二酸化ジルコニウムなどの新顔の白色顔料（反応性に乏しい）ができたおかげで，なんとか漆器にも白色の絵柄が描けるようになったのです。

第11章　有機化学の手ほどき　－その1－

11.1　各自構造式を描いてみれば自明のはずです（こういうときは炭素骨格だけで十分です）。プロパンは1種，ブタンは2種，ペンタンは3種あります。プロピル基は2種，ブチル基は3種，ペンチル基（アミル基）は8種類あり，ものによっては光学異性体（第13章参照）も存在します。

11.2　4-ヘプタノン。以前は「ブチロン」といいました。酪酸 (butyric acid) のカルシウム塩が原料だったための名称なのです。

11.3　抱水クロラールは $CCl_3CHO \cdot H_2O$ のような組成ですが，カルボニル基に水分子が付加したジオール構造（このようなものを gem-ジオールという）をとっています。すなわち　$CCl_3CH(OH)_2$。

11.4　顕著な爆発性を示すのは硝酸のエステルに特有な性質で，ニトロ化合物はこれに比べると比較的穏やかにしか燃焼しません。ニトロベンゼンなどその昔は模型飛行機のエンジン燃料に使われたぐらいです。

11.5　この反応は石鹸の製造に古くから（ローマ時代以降？）用いられてきたためです。

11.6　グルコースのアルデヒド基が環状アセタールを作っているのですが，この -OH 原子団が遊離している場合には容易にアルデヒド基に戻って還元反応を起こせます。でも -OH が -OR のかたち（つまりエーテル結合）になると還元作用はなくなってしまいます。

第12章　有機化学の手ほどき　－その2－

12.1　名称が「シアン化」だといっても，有毒なシアン化物イオンを含んでいるわけではないからです。

12.2　酸性条件では $-NH_2$ 基が $-NH_3^+$ に，アルカリ性条件ではカルボキシル基が解離して $-COO^-$ となった構造となります。中性水溶液中では双性イオン形（ベタイン構造ともいう）の　$NH_3^+CH_2COO^-$ です．

12.3　ε-カプロラクタムの構造式

12.4　ポリアクリル酸ナトリウムなら，ナトリウムが水和するために外部から水分を吸蔵できますが，酸性にしてナトリウムイオンを除いた遊離酸の形では，カルボキシル基だけになっているので水分子との親和性が格段に小さくなるためです。

12.5　ポリビニルアルコール自体は多数の水酸基の集合体で，水にもよく溶ける化合物ですが，これとホルムアルデヒドを縮合させることでアセタール（この場合はホルマールということも多い）結合を作らせることで，水溶性をなくし，繊維として使えるようにしたのです。

第13章　立体化学と異性体

13.1　cis-ジクロロエチレン，trans-ジクロロエチレンのほかに，1,1-ジクロロエチレン（塩化ビニリデン，プラスチックの「サラン」の原料）があります。

13.2　光学活性体が存在するもの，すなわち不斉炭素原子を含むものなので，ブタノールでは1種類 (sec-ブチルアルコール)，ペンタノールでは3種類 (sec-ペンタノール，2-メチル-1-ブタノール，3-メチル-1-ブタノール) だけです。プロパノールには光学活性体は存在しません。

13.3　酒石酸には不斉炭素原子が2個存在しています。両方とも D-配置のものと両方とも L-配置のものが，パストゥールがピンセットを使って分離に成功した二通りの異性体なのです。このほかに一方が D-配置で他方

がL-配置のものが考えられますが，これは不斉炭素原子をつなぐ単結合に直交する平面を考えると左右対称となるので光学活性を示さないのです。これは*meso*-酒石酸と呼ばれ，後に発見されました。

13.4 軸の周りの回転が制限されているような場合（軸不斉といいます）などが挙げられます。例えばビフェニルの両方の六員環のオルト位置（2,6-，2′,6′-）に嵩高い置換基のある化合物では自由回転が妨げられるので，光学的対称体が生じる可能性があり，実際に分割単離されています。

13.5 グルコースのアルデヒド基は転位して環状構造の分子内アセタールを作っているのですが，このアセタールの水酸基の向きが違う異性体は，ヒトの体内の酵素では消化できないのです。デンプンの最小単位と見なせるのはマルトース，セルロースの最小単位はセロビオースで，どちらもグルコース単位2個から出来ていますが，それぞれの構造は下記のようになっています。両方のグルコース単位をつないでいるエーテル結合の部分の向きが違うことに注意してください。

マルトース：

セロビオース：

第14章 放射能と放射線

14.1 ウラン-238の壊変定数を，半減期を元に求めればよいのです。48億年を秒単位に換算すると，これから壊変定数がs^{-1}単位で計算できるから，あとは1グラムが1/238 molであることを考慮すればよいのです。

14.2 ナポレオン一世の生きていた時代は約二百年前ですから，半減期の短すぎるトリチウムはもう残っていませんし，カリウム-40は逆にほとんど減衰していません。ですから候補の中では炭素-14しかないわけですが，半減期の1/30ほどの期間ですから，かなり長時間積算して比放射能を求める必要があります。第二次大戦（原子爆弾）以前のいろいろな植物資料についてはかなり詳細に比放射能が調べられていますので，比較検討が可能なのです。

14.3 自分の周囲の人体から放出されるγ線の半分が内側（つまりキミ自身）に向かってくると考えるとよいのです。結構な量になります。この場合所詮近似計算なので，人体を円筒で近似して緊密に並べると，キミの周囲に6本の円筒が配列するでしょう。ですからヒト六人分のカリウム-40の発するγ線の半分がキミの方向へ向かってくると考えればよろしい。

14.4 Bi-209の半減期は極めて長い（今の宇宙の年齢の数万倍以上であることが最近報告されました）ので，普通にはこれから出てくる放射線（α粒子）は無視できるほどわずかなのです。

14.5 電子の質量に光速度の二乗を掛ければ，相当するエネルギーが求められます。電子の質量をキログラム単

解答の例およびヒント

位，光速度をメートル/秒単位で測った数値を入れれば得られる結果はジュール単位になるので，通常よく用いられる電子ボルト (eV) 単位に換算 (37 頁の表 5・1 を参照) すると 511 keV になります。病院で使われている PET (positron emission tomography) では，この特別なエネルギーの γ 線の発生位置を三次元的に解析することで診断を行っているのです。

14.6 同じように陽子の質量に光速度の二乗を掛ければいいのですが，簡単のためには，電子と陽子の質量比 (1 : 1837) を利用すればよろしい。およそ 931 MeV となるはずです。最近ではいろいろな素粒子 (ヒッグス粒子なども) の質量をこの MeV 単位で表記することもよく行われています。

索　　引

アルファベット，数字など
ATP　104
BAL　108
CORN 則　118
DHMO ban　16
DOPA　109
GABA　109
I.U.　26
mEq（メック）　25
MKSA システム　5
MKS 単位系　6
pH（ペーハー，ピーエッチ）　56
SI 単位系　2,5
S 字型曲線　65
α 線　127
β 線　127
γ 線　127
18 電子則　41

ア
アイソトポマー　118
アヴォガドロ数　22
アクセプター原子　66
アクリルアミド　106
アクリル系繊維　107
アクリロニトリル　106
アシドーシス　61
アスピリン　103
アセチルアセトン　99
アセチルコリン　105
アセトアルデヒド　97, 114
アセトニトリル　106
アセトン　98
アミド　106
アミノ酸　59, 109, 118
γ-アミノ酪酸　109
アミン　104
アモルファスシリコン　30
β-アラニン　109
アリール基　93
アルカリ　54
アルカリ性食品　63
アルカン　90
アルキルベンゼン

スルホン酸　108
アルケニル基　92
アルケン　91, 92
アルコール　93
アルドース　98
アレニウスの酸と塩基の定義　54
安全教育　19
安定度定数　66
アントラニル酸　109

イ
イオン　21
イオン結合　40
池田菊苗　116
イソプロパノール　94, 95
位置異性体　113
位置エネルギー　74
一重項酸素　51
医療化学　81
陰イオン　21

ウ
ヴェーラー　112
宇宙からのオーロラ　50
宇宙船　128
運動エネルギー　74

エ
永久機関　74
エーテル　94, 96
エステル　94, 103, 119
エタナール　97
エチルアルコール　113
エチレングリコール　95
エデト酸　67
エネルギー　74
塩基性アミノ酸　60
塩基性炭酸鉛　67
炎色反応　49
エンタルピー　75
エントロピー　75
鉛白　67

オ
オーロリウム　51

オクテット則　40
オルニチン　109
オレフィン系炭化水素　91, 92

カ
カールスベリ醸造研究所　56
カイザー　36
海帯　81
壊変定数　124
化学エネルギー　75
化学種　14
科学的記数法　8
科学的メートル法単位系　5
化学反応式　17
化学方程式　17
化学ポテンシャル　76
化学量論　18
核酸　104
学術情報検索　90
化合物　14
華陀　121
片対数方眼紙　10
活量係数　56
活量濃度　56
価電子殻　34
カフェイン抜きのコーヒー　46
ガラス電極　56
カルシウムジホスホネート　108
カルナウバ蝋　104
カルバミン酸　109
カルボキシ(ル)基　99
カルボニル基　98
カルボン酸　99, 100
加齢臭　97
環境放射能　123, 128
還元　69
環状のエーテル　96
緩衝溶液　62
官能基　59, 89
漢方薬　80

キ
幾何異性体　113

希ガス（貴ガス）　35
ギ酸　100
ギ酸メチル　113
キシリトール　95
規定度　25
規定濃度　25
ギブスの自由エネルギー　75
ギブスの相律　43
逆浸透　78
逆性石鹸　105
キュリー夫妻　125, 127
キュリー夫人　124
強塩基　59
凝華　43
強酸　57
共役　57
共役二重結合　91
共有結合　38
極座標　33
極性共有結合　39
ギリシャ文字　1
キルヒホッフ　48
銀鏡反応　96, 97
禁止運動　16
筋弛緩剤　106
金属水素　30

ク
クエン酸　103
位取りの接頭辞　2, 3
グラムイオン　21
グラム原子　20
グラム分子　20
グリコール類　95
グリシン　109
グリセリド　103
グルタミン酸ナトリウム　116
クレゾール　107
クロラール　97
クロロホルム　119

ケ
ケイ酸のエステル　104
系統的名称　16
鯨蝋　104
ケクレ　93

索引

結合異性体　113
ケト-エノール異性　98, 114
ケトース　98
ケトン　98
ケミストを魅了した元素と周期表　85, 115
嫌気性　70
原子力エネルギー　75
原子力発電　75
元素特有のスペクトル　50
元素の語幹　86
元素の定義　28
原尿　78

コ
劫　4
高圧水銀燈　115
光学異性体　113, 116
光学的不活性　117
光学分割　120
交互禁制律　52
構造異性体　113
高尿酸血症　78
国際単位（I.U.）　26
国際単位系　5
骨格異性体　113
骨粗鬆症　67, 108
古典熱力学　73
互変異性体　114
コレステロール　95
混合物　13

サ
催奇性物質　120
坂根弦太　85
錯形成定数　66, 67
酢酸　100, 113
酢酸エチル　103
錯体　66
サリチル酸　103
サリドマイド　119
サルファ剤　106
酸　54
酸化　69
酸化還元反応　69
産業革命　73
三重点　44
酸性アミノ酸　60
酸性食品　63
酸素酸　87
酸素付加体　64

三態　42
酸濃度の余対数　56

シ
シアノバクテリア　71
シアン酸アンモニウム　112
シーラカンス　104
ジエチルエーテル　96
脂環式化合物　90, 92
糸球体　78
式量　21
シグモイドカーヴ　65
仕事　73
指数　8
自然分晶　117
ジチオグリセリン　108
シトルリン　109
シトロネラール　97
脂肪酸　99
脂肪族化合物　90
ジメチルエーテル　113
ジメルカプロール　108
弱塩基　59
弱酸　57
麝香　80
ジャスモン　98
尺貫法単位系　5
遮蔽材　127
自由エネルギー　75
周期表　82
重クロロホルム　119
シュウ酸　101
酒石酸　117
主要臨床検査項目単位換算表　26
純物質　13
昇華　43
蒸気機関　72
硝酸のエステル　104
醸造学　56
状態量　73
鍾乳石　80
塵劫記　3
真数　8
浸透圧　77
浸透現象　77
腎動脈　78
振動モード　51
人名由来の単位　6

ス
水酸基　93

水素結合　41
スタース-オット法　96
ステアリン酸　99
ストック方式　71, 87
スノーボールアース　53
スペクトル　48
スルホン酸　108

セ
生成系　18
赤外吸収　119
赤色セレン　30
石炭酸　95, 99, 107
絶対配置　118
接頭辞　2, 3
遷移金属元素　86
蟾酥　80
潜熱　44

ソ
草根木皮　80
相変化　42
相律　43
ソルビトール　95

タ
第一級アミン　104
第一級アルコール　96
第一種永久機関　74
大科学実験室　23
第三級アミン　104
対数　8
第二級アミン　104
第二種永久機関　74
第四級アンモニウム塩　105
第四級アンモニウム水酸化物　105
タウリン　108, 109
多形　29
脱灰現象　67
単位系　5
炭酸　99
炭酸水素イオン　103
炭酸のエステル　104
短周期型周期表　82-84
胆汁色素　65
弾性エネルギー　75
炭素繊維の材料　107
単体　14, 29

チ，ツ
チタン酸のエステル　104
中和反応　55
長周期型周期表　82, 84
張仲景　121
超長周期型周期表　84, 85
超臨界流体　46
痛風　102

テ
デキストロメトルファン　120
滴定曲線　60, 61
テクルバーナー　49
電解質元素　81
電気陰性度　39, 86
電気エネルギー　75
典型元素　86
電子　36
電子芯　34

ト
等圧条件　45
同位体異性体　118
同素体　29
等張液　78
当量　25
ドーパ　109
毒も薬も匙加減次第　122
トシル酸　108
ドナー原子　66
トムソン　31
ドライアイス　46
トリメチレングリコール　95
トルエンスルホン酸　108
ドルトン　28

ナ
ナイティンゲール　121
内部エネルギー　75
長岡半太郎　31
鉛中毒　66

ニ
二原子分子　38
尿細管　78
尿酸　102
尿素　112

索　引

ネ
熱　73
熱エネルギー　75
熱化学方程式　76
熱力学　72
熱力学の第一法則　74
熱力学の第二法則　74
熱力学の第三法則　74
熱力学の第零法則　74

ノ
濃度商　61
ノストラダムス　121
ノネナール　97

ハ
パーキンソン病　119
ハーモニックス　51
配位結合　64, 66
波数単位　36
パストゥール　117, 121
八酸素　31
波動関数　33
波動方程式　33
パトリシア・コーンウェル　120
バナナ単位　129, 130
早野龍五　129
パラアミノサリチル酸　109
パラケルスス　81, 121
パラフィン系炭化水素　90
バルマー　32, 35
バルマー系列　35
パルミチン酸　99
半減期　124
反応系　18

ヒ
ビッグバン　36
必須元素　82
ヒドロキシ(ル)基　93
ビニルアルコール　114
ビニル基　92
ヒポクラテス　121
標識化合物　119
微量元素　82

フ
ファントホッフ　115, 118
ファントホッフ係数　78
ブールハーヴェ　81
フェノール　95, 107
フェノール性水酸基　94
フェノール類　102
不斉炭素原子　115
物質　13
葡萄糖　117
ブラウンフォーファー　48
プリン体　102
ブレンステッド(-ローリー)の定義　55, 57
フローエネルギー　75
プロスタノイド　101
プロトン　55
プロトンNMR　119
プロトンアクセプター　55
プロトンドナー　55
プロピレングリコール　95
分光分析　49
分子　13
ブンゼン　48
ブンゼンバーナー　48

ヘ
平衡　63
北京原人　69
ベクレル　124, 127
ベシル酸　108
ヘモグロビン　64
ヘモグロビンA　65
ヘモグロビンF　65
ベルツェリウス　15
ベロナール　102
偏光面　117
ベンジルアルコール　95
ベンゼンスルホン酸　108
ヘンダーソン-ハッセルバルクの式　60

ホ
ボイル　28
ボイル-シャルルの法則　44
崩壊定数　124
芳香族化合物　90, 93

放射線　126
放射線量の単位　125
放射能　126
ボーア　32
ホスホン酸　108
ホメオパチー　122
ポリビニルアルコール　114
ポリフェノール　107
ホルムアルデヒド　97
牡蠣　80

マ, ミ
マツタケオール　95
ミオグロビン　64, 65
水の三重点　44
水の変態　42
蜜蝋　104

ム
ムスコン　98
無名異　80

メ
メートル法単位系　5
メシル酸　108
メタナール　97
メタロイド　30
メタンスルホン酸　108
メトヘモグロビン　64
メドロン酸　109
メルカプタン　107
メンデレーエフ　50, 83

モ
元スパイ殺人事件　125
もの探しの能力　89
モル　20
モル数　23

ヤ, ユ
ヤードポンド法単位系　5
ユーエンス-バセット方式　71
有効数字　10
ユウロピウムのβ-ジケトン錯体　115

ヨ
陽イオン　21

陽子　36

ラ
ライマン系列　35
ラヴォアジェ　28, 63, 69
ラウリン酸　99
酪酸　100
ラクタム-ラクチム異性　114
ラクタム-ラクチム系化合物　102
ラザフォード　31
ラテン語による元素名　15
ラマンスペクトル　52
ラムゼイ　127
藍藻　71

リ
リービッヒ　96, 112
リシン(lysine)　109
リシン(ricin)　111
リジン(lysine)　109
理想気体　45
立体異性体　113
硫酸のエステル　104
両性イオン　60
両対数方眼紙　10
臨界温度　46
臨界点　45

ル
ル・ベル　115
ルイス・キャロル　116
ルイスの塩基　66
ルイスの酸　66

レ, ロ
レチナール　97
レトルト　100
レボドパ　119
レントゲン　121, 124
蝋　104

ワ
ワット　72
和方薬　80
和蝋燭　10

著者略歴

山崎 昶（やまさき あきら）

1960年	東京大学理学部化学科卒業
1965年	東京大学大学院博士課程修了
1965年	東京大学助手（理学部化学教室）
1975年	電気通信大学助教授
1999年	日本赤十字看護大学教授
2003年	停年退職

化学はこんなに役に立つ ―やさしい化学入門―

2013年11月25日 第1版1刷発行

検印省略	著作者	山崎 昶
	発行者	吉野 和浩
定価はカバーに表示してあります．	発行所	東京都千代田区四番町8-1 電話　03-3262-9166（代） 郵便番号 102-0081 株式会社 裳 華 房
	印刷所	横山印刷株式会社
	製本所	株式会社 青木製本所

社団法人 自然科学書協会会員

JCOPY 〈(社)出版者著作権管理機構 委託出版物〉
本書の無断複写は著作権法上での例外を除き禁じられています．複写される場合は，そのつど事前に，(社)出版者著作権管理機構（電話03-3513-6969，FAX 03-3513-6979, e-mail: info@jcopy.or.jp）の許諾を得てください．

ISBN 978-4-7853-3096-5

© 山崎 昶, 2013　　Printed in Japan

各 B5 判・2 色刷

ステップアップ 大学の総合化学 齋藤勝裕 著 152 頁／本体 2200 円＋税

ステップアップ 大学の分析化学 齋藤勝裕・藤原 学 共著
154 頁／本体 2400 円＋税

ステップアップ 大学の物理化学 齋藤勝裕・林 久夫 共著
158 頁／本体 2400 円＋税

ステップアップ 大学の無機化学 齋藤勝裕・長尾宏隆 共著
160 頁／本体 2400 円＋税

ステップアップ 大学の有機化学 齋藤勝裕 著 156 頁／本体 2400 円＋税

Catch Up 大学の化学講義
―高校化学とのかけはし― 2色刷
杉森 彰・富田 功 共著
A5 判／144 頁／本体 1800 円＋税

理工系のための 化学入門 2色刷
井上正之 著
B5 判／174 頁／本体 2300 円＋税

一般化学（三訂版） 2色刷
長島弘三・富田 功 共著
A5 判／288 頁／本体 2300 円＋税

化学はこんなに役に立つ
―やさしい化学入門― 2色刷
山崎 昶 著
B5 判／160 頁／本体 2200 円＋税

化学の基本概念 2色刷
―理系基礎化学― 齋藤太郎 著
B5 判／140 頁／本体 2200 円＋税

無機化学 2色刷
―基礎から学ぶ元素の世界―
長尾宏隆・大山 大 共著
B5 判／208 頁／本体 2800 円＋税

新・元素と周期律
井口洋夫・井口 眞 共著
A5 判／310 頁／本体 3400 円＋税

● 化学の指針シリーズ ●
各 A5 判

化学環境学
御園生 誠 著 250 頁／本体 2500 円＋税

錯体化学
佐々木・柘植 共著 264 頁／本体 2700 円＋税

量子化学 ―分子軌道法の理解のために―
中嶋隆人 著 240 頁／本体 2500 円＋税

生物有機化学
―ケミカルバイオロジーへの展開―
宍戸・大槻 共著 204 頁／本体 2300 円＋税

有機反応機構
加納・西郷 共著 262 頁／本体 2600 円＋税

超分子の化学
菅原・木村 共編 226 頁／本体 2400 円＋税

有機工業化学
井上祥平 著 246 頁／本体 2500 円＋税

分子構造解析
山口健太郎 著 168 頁／本体 2200 円＋税

化学プロセス工学
小野木・田川・小林・二井 共著
220 頁／本体 2400 円＋税

2013 年 11 月現在

裳華房 SHOKABO
電子メール info@shokabo.co.jp
ホームページ http://www.shokabo.co.jp/

化学でよく使われる基本物理定数

量	記号	数値
空気中の光速度	c_0	$2.997\,924\,58 \times 10^8$ m s^{-1} (定義)
電気素数	e	$1.602\,176\,565(35) \times 10^{-19}$ C
プランク定数	h	$6.626\,069\,57(29) \times 10^{-34}$ J s
	$\hbar = h/(2\pi)$	$1.054\,571\,726(47) \times 10^{-34}$ J s
原子質量定数	$m_\mathrm{u} = 1$ u	$1.660\,589\,21(73) \times 10^{-27}$ kg
アヴォ(ボ)ガドロ定数	N_A	$6.022\,141\,29(27) \times 10^{23}$ mol^{-1}
電子の静止質量	m_e	$9.109\,382\,91(40) \times 10^{-31}$ kg
陽子の静止質量	m_p	$1.672\,621\,777(74) \times 10^{-27}$ kg
中性子の静止質量	m_n	$1.674\,927\,351(74) \times 10^{-27}$ kg
ボーア半径	$a_0 = \varepsilon_0 h_2/(\pi m_\mathrm{e} e^2)$	$5.291\,772\,109\,2(17) \times 10^{-11}$ m
真空の誘電率	ε_0	$8.854\,187\,817 \times 10^{-12}$ C^2 N^{-1} m^{-2} (定義)
ファラデー定数	$F = N_\mathrm{A} e$	$9.648\,533\,65(21) \times 10^4$ C mol^{-1}
気体定数	R	$8.314\,462\,1(75)$ J K^{-1} mol^{-1}
		$= 8.205\,736\,1(74) \times 10^{-2}$ dm^3 atm K^{-1} mol^{-1}
		$= 8.314\,462\,1(75) \times 10^{-2}$ dm^3 bar K^{-1} mol^{-1}
セルシウス温度目盛りにおけるゼロ点	T_0	273.15 K (定義)
標準大気圧	P_0, atm	$1.013\,25 \times 10^5$ Pa (定義)
理想気体の標準モル体積	$V_\mathrm{m} = RT_0/P_0$	$2.241\,396\,8(20) \times 10^{-2}$ m^3 mol^{-1}
ボルツマン定数	$k_\mathrm{B} = R/N_\mathrm{A}$	$1.380\,648\,8(13) \times 10^{-23}$ J K^{-1}
自由落下の標準加速度	g_n	$9.806\,65$ m s^{-2} (定義)

数値は CODATA (Committee on Data for Science and Technology) 2010 年推奨値。
( ) 内の値は最後の 2 桁の誤差 (標準偏差)。

エネルギーの換算

単位	J	cal	dm^3 atm
1 J	1	$2.390\,06 \times 10^{-1}$	$9.869\,23 \times 10^{-3}$
1 cal	4.184	1	$4.129\,29 \times 10^{-2}$
1 dm^3 atm	$1.013\,25 \times 10^2$	$2.421\,72 \times 10^1$	1

単位	J	eV	kJ mol^{-1}	cm^{-1}
1 J	1	$6.241\,51 \times 10^{18}$	$6.022\,14 \times 10^{20}$	$5.034\,12 \times 10^{22}$
1 eV	$1.602\,18 \times 10^{-19}$	1	$9.648\,53 \times 10^1$	$8.065\,54 \times 10^3$
1 kJ mol^{-1}	$1.660\,54 \times 10^{-21}$	$1.036\,43 \times 10^{-2}$	1	$8.359\,35 \times 10^1$
1 cm^{-1}	$1.986\,45 \times 10^{-23}$	$1.239\,84 \times 10^{-4}$	$1.196\,27 \times 10^{-2}$	1

SI 単位（国際単位系）

○物理量の値は数値と単位の積（物理量 ＝ 数値 × 単位）。
（例）$T_0 = 273.15\,\text{K}$　$T_0/\text{K} = 273.15$

SI 基本単位

物理量	名称	記号
長さ	メートル	m
質量	キログラム	kg
時間	秒	s
電流	アンペア	A
熱力学温度	ケルビン	K
物質量	モル	mol
光度	カンデラ	cd

SI 接頭語

倍数	接頭語	記号	倍数	接頭語	記号
10^{-1}	deci	d	10	deca	da
10^{-2}	centi	c	10^{2}	hecto	h
10^{-3}	milli	m	10^{3}	kilo	k
10^{-6}	micro	μ	10^{6}	mega	M
10^{-9}	nano	n	10^{9}	giga	G
10^{-12}	pico	p	10^{12}	tera	T
10^{-15}	femto	f	10^{15}	peta	P
10^{-18}	atto	a	10^{18}	exa	E
10^{-21}	zepto	z	10^{21}	zetta	Z
10^{-24}	yocto	y	10^{24}	yotta	Y

主な SI 組立単位（特別な名称をもつもの）

物理量	名称	記号	定義
周波数	ヘルツ	Hz	s^{-1}
力	ニュートン	N	m kg s^{-2}
圧力	パスカル	Pa	$\text{m}^{-1}\text{kg s}^{-2}\,(= \text{N m}^{-2})$
エネルギー	ジュール	J	$\text{m}^{2}\text{kg s}^{-2}$
仕事率	ワット	W	$\text{m}^{2}\text{kg s}^{-3}\,(= \text{J s}^{-1})$
電荷	クーロン	C	A s
電位	ボルト	V	$\text{m}^{2}\text{kg s}^{-3}\text{A}^{-1}\,(= \text{J C}^{-1})$
静電容量	ファラド	F	$\text{C V}^{-1} = \text{m}^{-2}\text{kg}^{-1}\text{s}^{4}\text{A}^{2}$
セルシウス温度	セルシウス度	℃	K